대체로 무난하고
때때로 무해하고,
자주 유익한

미생물
이야기

대체로 무난하고
때때로 무해하고,
자주 유익한

미생물
이야기

김 태 종 지음

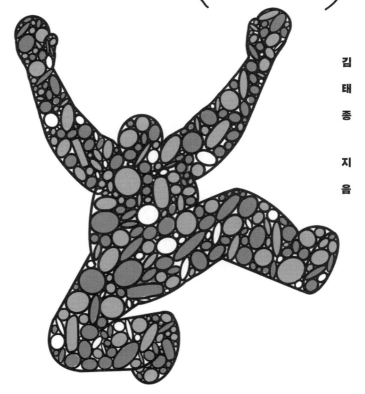

스스로의 건강을 지키는 반려미생물 관리 매뉴얼

나무나무출판사

Activating yours!

"우리는 이제, 코로나19 이전의 삶으로 돌아갈 수 없습니다."

질병관리본부 브리핑 내용에서 이 말을 들었을 때 많은 생각을 했다. 미생물을 꾸준히 연구해온 학자로서, 지구상에서 살아가는 인간의 한 명으로서, 코로나19를 함께 경험한 동시대 생명체로서 각기 다른 감정이 느껴졌다. 그리고 내린 결론은 "그럼에도 불구하고, 우리는 살아간다"라는 것이었다.

코로나19가 뭐길래?

코로나19는 바이러스의 한 종류다. 바이러스를 미생물의 범주 안에 넣는 경우도 있고, 살아 있는 생물이 아닌 별도의 것으로 여기는 견해도 있다. 나의 개인적인 기준으로 바이러스는 미생물의 한 종류, 즉 살아있는 생물체라고 생각한다. 그 이유는 바이러스가 자체적인 대사만 진행하지 않을 뿐 숙주와 만나면 생명체가 보이는 모든 활동을 수행하기 때문이다.

이렇게 숙주와 만나야만 문제를 일으키다 보니, 바이러스의 활동력은 전파와 관련이 있다. 코로나19의 경우 우리나라에서는 비교적 낮은 전파력을 보이고 있다. 처음 우한에서의 폭발적 전파력이 보도됐을 때 지금보다 몇백 배의 전파력을 가졌다고 예상했던 것과 차이가 있었다. 우리가 노력한 사회적 거리 두기와 생활 방역 활동의 효과 덕분이다.

그럼 어떻게 이런 효과를 얻을 수 있었을까? 사회적 거리 두기, 즉 다른 사람과 2미터의 안전 거리를 강조한 것이 주요했다. 이는 바이러스가 공기 중에 노출되면 속도의 차이는 있겠지만 감염을 일으키는 힘을 잃어버리기 때문이다. 코로나19는 바이러스의 겉면을 세포막과 비슷한 인지질 막이 감싸고 있으며, 외부 돌기 단백질을 가지고 있다. 여기서 끝이 아니다. 코로나19가 주로 비말 감염을 일으킨다는 것은 이 바이러스 덩어리가 침에 싸여 전파된다는 의미다. 즉 수분이 있어야 완전한 형태로 숙주를 찾아 이동해 감염 활동을 활발히 할 수 있다는 것이다. 최근에는 공기 감염이 거론되고 있으나 감염력을 충분히 나타내는 것은 비말감염이다.

우리는 1차로 마스크를 통해 비말의 외부 노출을 막았다. 바이러스는 매우 작아 마스크를 통과할수 있으나, 비말의 형태로는 마스크로 충분히 막을 수 있는 크기이다. 그렇다고 바이러스가 모두 사라지는 것은 아니다. 일부는 공기 중에 존재한다. 다만 건조되고 분말화하는 과정을 통해 코로나19 바이러스는 불활성화한다. 수분이 마르면서 완전했던 단백질과 막이 찌그러지고 변형되어 바이러스의 활동이 불가능해지는 것이다. 바이러스 감염자가 방문했던 곳을 3~4시간 후에 방문해도 감염이 일어나지 않은 것 또한 이런 이유 때문이다. 물론 바이러스가 불활성화하는 속도는 여러 환경 요인에 의해 결정되므로 매우 느릴 수 있으며, 일부는 살아남아 공기 감염을 일으킬 가능성도 있다.

우리는 모두 자연의 일부분이다

이번 경험을 통해 '자연환경이라는 것이 바이러스가 마음껏 퍼질 수 없는 조건이구나'라는 사실을 새삼 느꼈다. 습도, 온도, 햇빛에 의한 자외선, 건조, 산소 등 우리를 둘러싼 환경 요소가 일종의 방어벽 역할을 해주는 것이다.

우리가 숨을 쉴 수 있게 해주는 산소는 긍정적 역할만 할까? 당연히 아니다. 산소는 생명체에게 좋지 못한 독성 물질에 가깝다. 사람의 체내 산소 비율이 높아지면 사망에 이르기도 한다. 한마디로 산소가 부족해 숨을 쉬지 못해도 죽지만, 산소가 너무 많아도 죽는 것이다. 산소는 철을 녹슬게 하고, 생체 내에서 활성산소를 만들어낸다. 식물은 산소를 배출함으로써 생장을 이어간다. 유기물은 산소에 위협을 받을 뿐 산소의 긍정적 영향과는 연관이 없다.

산소가 그 자체로 쓰이는 것은 인간의 호흡이 대부분이다. 그런데 호흡을 통해 체내에 들어온 산소는 대사 과정에서 발생한 전자로 인해 물로 전환되어 몸 밖으로 배출된다. 이산화탄소는 음식물 섭취를 통해 발생하는 것이지, 산소가 이산화탄소로 바뀌는 것이 아니다. 호흡 과정을 제외하면 산소는 인체에 부정적인 면이 더 크다. 세균도 이와 비슷하다. 많은 세균이 혐기성인 것은 산소가 없는 환경에서 잘살 수 있도록 진화했다는 의미다. 산소를 만나면 죽는 셈이다. 사람의 경우 효소 2가지(초과산화물 불균등화효소superoxide dismutase와 카탈레이스catalase)가 공기 중 노출에도 산소로부터 나쁜 영향을 받지 않게 만들어주는 역할을 한다. 만약 이 효소가 없다면 인간 역시 산소 때문에 죽을 수 있다. 이처럼 산소의 독성은 바이러스와 세균 등 생명체에 치명적 문제를 일으킬 수 있다.

코로나19의 전파력이 그나마 낮은 것도, 공기 전파가 제한적인 것도 우리를 둘러싸고 있는 자연환경의 영향 덕분이다. 몇 년에 한 번씩 바이러스가 나타나 인간의 생명에 가장 큰 영향을 미칠 것이라고 하지만, 우리가 살고 있는 자연환경이 이를 막아주는 기능을 일부 수행하고 있다. 여기서 인간 또한 자연에서 살아가는 생명체의 하나임을 한 번 더 깨닫는다. 인간이 자연의 일부로, 자연 안에서 자연스럽게 살아간다면 인류를 멸망시킬 수 있다는 바이러스와의 싸움에서도 결국 살아남을 것이다. 자연의 생명체는 언제나 스스로를 지키는 방향으로 진화했고, 자연은 이런 진화가 가능한 환경을 제공해왔기 때문이다.

건강을 위한 안전망, 미생물 케어 *care*로 만들자

우리 몸은 수십만 년의 진화 과정을 거치면서 종류를 알 수 없는 바이러스, 질병, 환경적 변화를 경험했다. 그사이 우리도 모르는 면역력을 길렀다. 실제 우리 몸에는 암세포를 죽이는 면역력, 각종 바이러스를 견딜 수 있는 면역력도 존재한다. 다만 급변하는 환경과 달라진 생활 습관이 우리가 지닌 기본 면역력을 무력화시키는 것이다. 질병에 노출되고 건강을 잃는 것도 면역력이 떨어지는 것과 연관이 있다. 이 말을 반대로 바꾸면 면역력 증가를 통해 질병을 예방하고 건강을 지킬 수 있다는 의미다.

그렇기에 우리 몸이 힘을 기를 수 있도록 도와주어야 한다. 우리 몸이 지닌 기본 건강력을 유지·강화해주는 것이 최고의 방법이다. 미생물은 기본 건강력과 밀접한 관계가 있다. 우리를 둘러싼 모든 환경에 존재하는 미생물을 내 편으로 길들이면 든든한 아군을 얻는 셈이다. 좋은 미생물이 장에서 살며 면역력을 높여줄 것이고, 피부에서 살며 내 몸의 0차 방어선을 구축해 외부 환경으로부터 영향을 덜 받도록 도와줄 것이다. 질병이나 환경의 변화 및 문제를 100% 예측하는 것은 불가능하다. 완벽한 차단이나 방어도 어렵다. 그렇기에 어떤 변화에 놓여도 건강함을 유지할 수 있도록 만드는 것이 더욱 중요하다.

최근 우리는 그 어느 때보다 평범한 일상의 중요함을 느꼈다. 평온한 일상을 가능케 하는 조건은 여러 가지겠지만, 그 모든 조건의 가장 기본은 바로 건강이다. 건강이 충족되어야만 삶의 방향을 정하는 것이 가능하다. 나의 건강에 기본적 안전망을 만들어주는 일, 미생물 케어가 그 시작일 수 있다.

차례

2 미생물의 역할 찾기

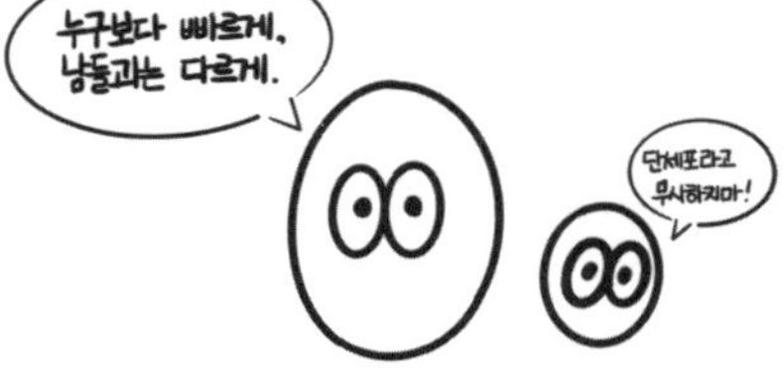

3 몸을 나눠 쓰는 존재

4 내 몸의 0차 방어선

5 미생물에 대한 올바른 자세

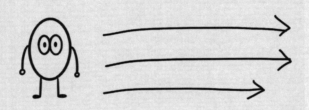

1 (미생물과 관계 맺기)

01 지구상에서 가장 작은 생물

지구상에 존재하는 가장 작은 생물을 일컬어 '미생물Micro-organism(아주 작은 생물)'이라고 한다. 미생물이라는 단어는 특정한 생물의 이름이 아니다. 눈에 보이지 않을 정도로 작은, 동물과 식물의 특징을 갖는 모든 생명체를 지칭한다. 여기에는 최근 전 세계를 뒤흔들고 있는 바이러스도 포함된다. 이 밖에 세균, 곰팡이, 슈퍼박테리아 등 다양한 생물이 미생물이라는 큰 영역 안에 존재한다.

여기까지 간단한 설명을 들으면 '그걸 왜 알아야 하지? 어려운

데…'라고 생각할 수 있다. 사실 우리가 미생물에 대해 알아야 하는 이유는 간단하다. 이들이 우리 건강을 좌우하기 때문이다. 미생물은 평생을 우리와 가장 가까운 곳에서 함께 살아간다. 내 몸 안에서 살기도 하고 피부에도, 물건에도 미생물은 존재한다. 우리가 먹는 음식, 배설하는 물질, 우리를 둘러싸고 있는 공간과 자연환경까지 미생물의 영향력이 미치지 않는 영역이 없다. 그럼에도 눈에 보이지 않기에 더욱 주의가 필요하다.

일단 아는 것부터 출발하자

미생물이라는 단어는 익숙하다. 그러나 미생물이 무엇이냐고 물었을 때 답을 할 수 있는 사람은 드물다. 특히 수많은 미생물의 종류를 구분하고, 각 종류별 특징을 이해하는 것은 전공자에게나 가능한 이야기일 것이다. 그러나 미생물과 관계 맺기는 아는 것에서부터 시작된다는 사실을 기억해야 한다. 그럼 어디서부터 알아봐야 할까?

우선 미생물을 좀 더 이해하기 쉽게 몇 개의 그룹으로 나눠보자.

첫 번째 그룹은 세균역이라는 이름을 가졌다. 여기에는 우리가 상상하는 단순한 생명체 대부분이 포함된다. 익숙한 이름인 대장균을 비롯해 우리가 알고 있는 모든 세균이 모여 있다고 생각하면 된다.

세균은 우리가 살아가는 모든 환경에 존재하며, 위생과 관련해 문제를 일으키는 동시에 생태계 유지에 중요한 역할을 한다. 외부 환경뿐 아니라 몸속에도 어디든 존재한다. 특히 장과 피부에 많아 우리 몸 및 삶과 크고 작은 연관성을 가진다. 한마디로 인간과 끊임없는 상호작용을 하고 있다고 생각하면 쉽다. 세포 안에 핵을 가지고 있지 않다는 것도 특징이다.

두 번째 미생물 그룹은 고세균역이다. 세균과 비슷해 보이지만 전혀 다른 특이한 성격을 가진다. 일반적으로 극한 환경에서 사는 미생물이 이 그룹에 속하기 때문에 일상생활을 통해 우리가 만나거나 관계를 맺을 확률은 희박하다. 아주 깊은 땅속에서 발견되거나 온도가 굉장히 낮은 극지방에서 생식하기도 한다.

이 그룹에 속한 미생물 중 그나마 우리가 만날 수 있는 것은 메탄

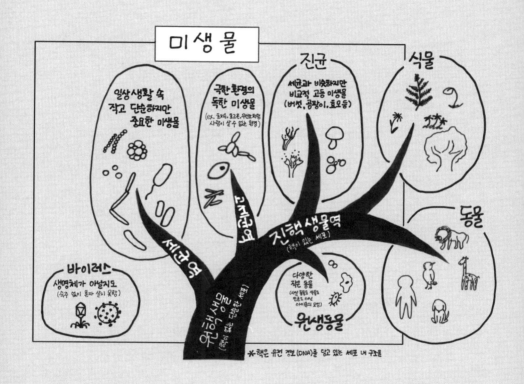

미생물

일상생활 속
작고 단순하지만
중요한 미생물

극한 환경의
독한 미생물
(ex. 온천, 화산, 유빙처럼
사람이 살 수 없는 환경)

진균
세균과 비슷하지만
비교적 고등 미생물
(버섯, 곰팡이, 효모 등)

식물

동물

바이러스
생명체가 아닐지도
(숙주 없이 혼자 살지 못함)

세균역

고세균역

진핵생물역
(핵이 있는 세포)

원핵생물
(핵이 없는 단순한 세포)

다양한
작은 동물
(생명 활동의 사물로
만들어 아니라의 요인)

원생동물

✷ 핵은 유전 정보(DNA)를 담고 있는 세포 내 구조물

을 생성하는 고세균 메타노젠Methanogen이다. 산소가 없는 환경에서만 혐기성 상태로 생식한다. 메타노젠은 맨홀 속과 같은 곳에서 살아간다. 고세균역의 생물 또한 세포 안에 핵을 가지고 있지 않다.

마지막 그룹은 진핵생물역이다. 미생물 중 핵을 가지면서 세포의 형태를 보이는 모든 종류가 이 영역에 속해 있다. 세균과 매우 비슷하지만 핵을 가지고 있는 곰팡이가 이 그룹의 대표 주자라고 보면 된다. 버섯과 효모를 생각하면 좀 더 이해하기 쉽다. 세균에 비해 생장 속도가 느리므로 세균과 곰팡이가 같은 공간에 있다면 당연히 곰팡이는 세균에 밀려난다.

이런 특성 때문에 곰팡이는 세균이 살지 않는 환경에서도 서식한다. 산성이나 알칼리성 환경, 저온에서도 견딘다. 극한 환경을 견디기 위해 포자를 만드는 것도 특징이다. 세균 생장 억제 물질도 생산한다. 항생제와 알코올 발효가 그 결과다. 최초의 항생제인 페니실린 역시 푸른곰팡이가 생산하는 물질이다. 이 밖에도 아메바·짚신벌레 등 다양한 생명체가 포함된 원생동물, 파래·김·미역 등 광합성 진핵생물을 대표하는 조류 등도 이 분류에 속한다.

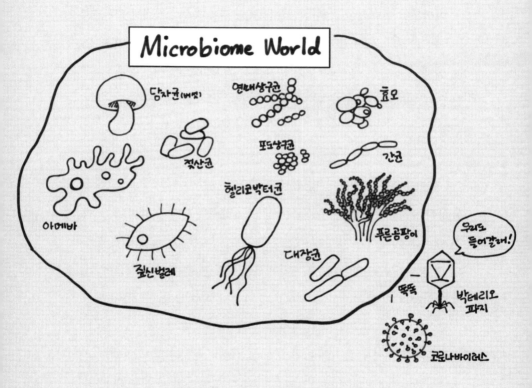

우리를 긴장하게 만드는 또 다른 미생물

위의 세 그룹에 속하지 않지만, 아주 작다는 특징에 부합하는 생물들도 미생물의 영역에 포함된다. 그중에서도 우리가 눈여겨봐야 하는 것이 바이러스다. 최근 들어 그 위험성이 날로 높아지고 있는 바이러스는 단백질과 유전 물질을 가진 복합체다. 생명체인지 아닌지에 대한 논쟁은 계속되고 있지만, 필자 개인적으로는 생명체에 가깝다고 생각한다.

바이러스 자체로는 생명 현상이 없으나 숙주에 들어가는 순간 생물학적인 모든 시스템을 스스로의 생장에 맞추는 특징을 가진다. 숙주의 대사를 변화시켜 자신을 위한 환경을 완성하는 것이다. 이때 특유의 생명 현상도 관찰된다. 숙주 밖에서는 대사를 하지 않기 때문에 항생제 같은 약이 방해하지 못해 치료제 개발이 매우 어렵기도 하다.

바이러스 외에 프리온도 주의가 필요하다. 프리온은 정상 단백질로 존재한다. 단백질이 정상일 때는 아무런 영향을 주지 못한다. 오히려 우리 몸의 신경세포가 역할을 잘 수행할 수 있도록 돕는다. 그러나 단백질에 문제가 발생하면 그 주변의 모든 정상 단백질을 변형시킨다. 변형된 단백질들이 결합해 그물망 같은 망상 구조를 만드는데, 이것이 뇌에서 형성되면 뇌가 스펀지처럼 변하면서 몸의 신경세포가 정상적인 역할을 하지 못하게끔 한다. 이런 과정을 거쳐 발병하는 질병 중 대표적인 것이 광우병이다.

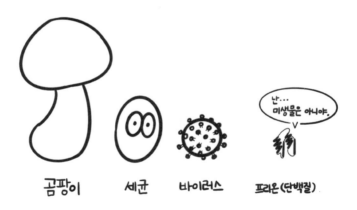

곰팡이   세균   바이러스   프리온(단백질)

02 미생물도 의사소통을 한다?!

미생물의 종류를 알았으니 다음은 특징에 대해 알아볼 차례다. 미생물의 특징은 크게 생김새와 생장으로 나눠서 살펴볼 수 있다. 우선 생김새의 경우 두드러진 차이점은 크기다. 미생물은 앞서 설명했듯 아주 작은 개체다. 그러다 보니 생존 경쟁에 도움이 되는 크기에서는 가장 약자나 다름없다. 그러나 잃는 것이 있으면 얻는 것이 생기는 건 자연의 고유 법칙이다. 크기가 작기 때문에 하나의 개체를 유지하기 위한 비용이 적어지고, 이는 같은 조건의 환경에서 더 많은 수의 개체를 만들 수 있다는 의미이기도 하다.

부피와 개체 수의 상관관계

같은 양의 먹이가 있는 환경에 미생물과 그보다 크기가 큰 생명체가 있다고 가정해보자. 부피가 큰 생명체일수록 먹는 양이 많아지고, 당연히 전체 생명체의 개체 수는 줄어든다. 미생물의 수와 그 밖의 다른 생명체의 수가 차이 나는 이유는 여기에 있다.

자연환경에서 세포가 커지면서 갖게 되는 핸디캡은 이뿐만이 아니다. 영양분이 충분한 환경을 계속해서 유지하는 것은 어렵다. 영양분이 풍부한 환경을 차지하기 위해서는 다른 세포와 심한 경쟁을 치러 이겨야 한다. 그렇기에 모든 생명체에게 살아가기 좋은 환경이 항상 주어지는 것은 아니다. 이때 미생물의 작은 크기가 빛을 발한다. 적은 양의 영양분을 흡수해 빠르게 증식하기에 부피가 작다는 것은 큰 이점이다. 그 때문에 현재 미생물의 크기는 환경에 잘 적응한 결과라고 볼 수 있다.

그럼 작은 크기로 빠르게 증식하는 미생물의 생장 과정은 어떨까? 영양 성분이 일정하게 주어진다는 가정하에 크게 4단계를 거친다.

1단계는 주어진 환경에 적응하는 지체기Lag phase다. 이때 미생물은 필요한 단백질을 만들고 세포의 생리를 환경에 최적화한다. 환경에 따라 관찰이 안 될 정도로 매우 짧을 수 있으나 그렇다고 생략되는 것은 아니다. 모든 미생물은 반드시 지체기를 거친다.

2단계는 대수기Log phase다. 지체기가 지난 후 세포는 주어진 환경에 최적화했기 때문에 최적의 효율로 생장한다. 이 기간에는 일정한 시간마다 세포의 수가 2배로 늘어난다. 세포의 수가 증가한다는 것은 세포의 구성 성분이나 대사도 정해진 시간마다 2배가 된다는 뜻이다. 단, 세포의 수가 2배가 되는 시간은 일정하지 않다. 짧을 수도, 길 수도 있다. 최적화라는 것의 의미가 항상 매우 빠르게 자란다는 뜻은 아니기 때문이다.

3단계는 정체기Stationary phase다. 세포가 생장하고 수가 많아지는 동안 영양물질은 고갈된다. 세포 또한 일정한 농도에 도달하면 생장이 감소한다. 특수한 상황을 제외하면 일반적으로 영양물질은 무한대일 수 없다. 그렇기에 세포의 생장도 멈추는 것이 당연하다. 일부 세포가 죽어 다른 세포의 영양분으로 활용되기도 한다. 이런 순환으로 살아

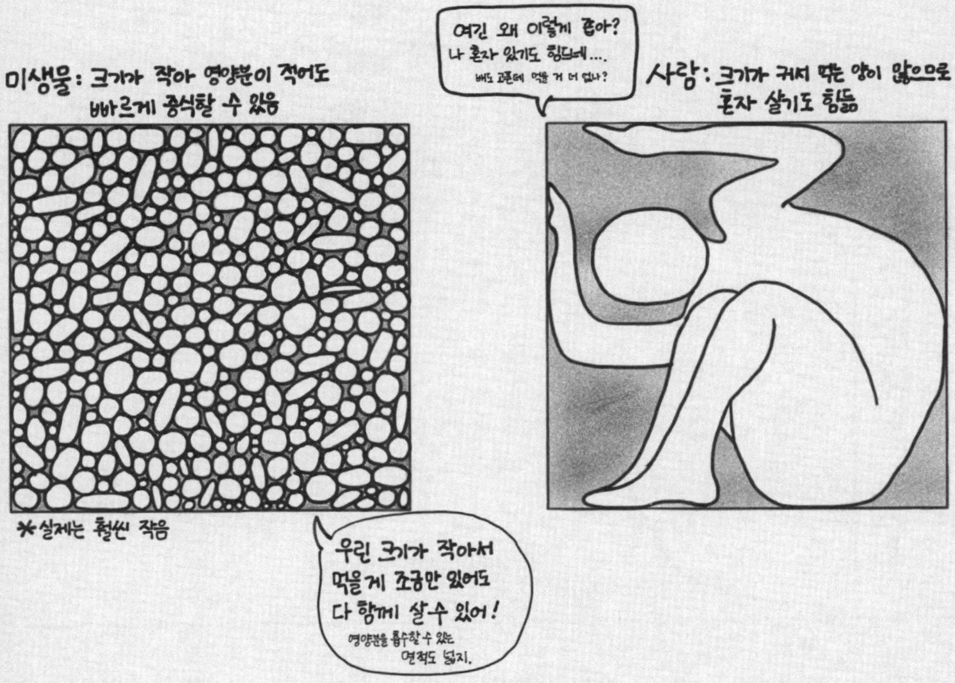
미생물: 크기가 작아 영양분이 적어도
빠르게 증식할 수 있음
*실제는 훨씬 작음
우린 크기가 작아서 먹을게 조금만 있어도 다 함께 살수 있어!
영양분을 흡수할 수 있는 면적도 넓지.
여긴 왜 이렇게 좁아? 나 혼자 있기도 힘드네....
배도 고픈데 먹을 거 더 없나?
사람: 크기가 커서 먹는 양이 많으므로
혼자 살기도 힘듦

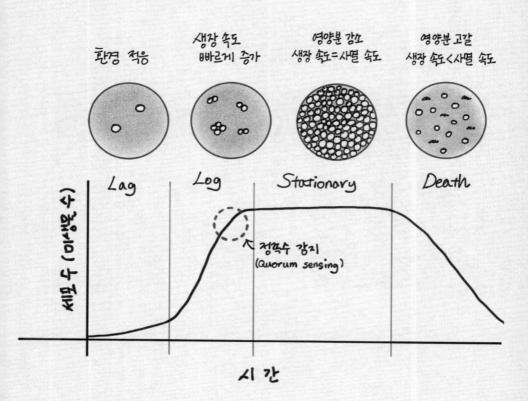

있는 세포는 일정하게 유지된다. 정체기를 거치며 죽은 세포가 축적되면 죽은 세포와 살아 있는 세포를 구분하지 못하는 상태가 된다. 그 시간이 이어지면서 노폐물이 쌓이고 환경은 더욱 악화한다.

불리한 환경이 되면 살아 있는 세포의 수가 감소하는 4단계, 곧 사멸기Death phase가 시작된다. 죽는 세포가 증식하는 세포보다 많아지면서 미생물이 사라져가는 단계라 할 수 있다.

이렇게 생장 과정을 거치면서 미생물은 생존을 위한 의사소통을 한다. 특히 대수기에서 정체기로 전환하기 전에 이미 세포의 생장 속도가 떨어질 것을 예측하고 이를 대비하는데, 세균의 경우 정족수 감지Quorum sensing라는 방법을 이용한다.[1] 세균의 증식 중 개별 세포가 일정한 양의 화합물을 배출하는데, 이때 화합물의 농도가 일정 수준이 되면 이에 대한 반응으로 유전자의 발현이 변하며 과밀도에 대응하는 시스템이다. 좀 더 쉽게 이야기하면, 농도를 통해 의사 결정을 위한 정족수가 채워졌다고 판단될 때 저밀도 상황의 세포에서는 볼 수 없는 집단적 행동 양식을 유발하는 신호가 전달된다는 의미다.

이러한 방법은 집단의 생장과 개별 세포의 생장을 연계함으로써 개별 세포의 생존 가능성을 높이는 결과를 가져온다. 집단으로 어떤 행동을 하는 현상이며, 다세포생물로 진화하기 위한 초보적 단계라고도 볼 수 있다. 이처럼 미생물 세포 간 다양한 화합물의 분비를 통해 신호를 복잡하게 주고받으며 여러 의사소통이 이뤄지는 것을 알 수 있다. 이를 통해 개체를 조정하고, 더 유리한 환경을 만들기도 한다.

03 지구가 대장균으로 뒤덮여 있지 않은 이유

질문을 하나 해보자. 대장균으로 지구 표면을 덮으려면 얼마의 시간이 걸릴까? 답은 예상보다 놀랍다. 단 30시간이면 충분하다.

세균의 대표 주자인 대장균은 하나의 세포가 둘로 나뉘면서 증가한다. 그렇기 때문에 초반에는 얼마 되지 않는 것 같지만 일정 수를 넘어가면 기하급수적인 증가의 효력이 보인다. 하나의 세포가 둘로 나뉘기까지 20분이 걸리기 때문에(엄청난 수학적 계산식은 생략하고 답만 알려주겠다) 지구 표면을 덮으려면 88번 정도의 분열이 필요하다.

이런 기준으로 분열에 걸리는 시간을 계산하면 대략 30시간이라는 수치가 나온다. 30시간이면 대장균으로 지구 전체를 뒤덮는 것이 가능한 셈이다. 그러나 지금 우리가 살아가는 지구는 대장균 행성이 아니다. 그 이유는 무엇일까? 세포의 분열 과정에 제약이 있기 때문이다. 가장 큰 제약은 30시간 동안 생장하는 데 필요한 영양분이 충분하게 유지되지 않는다는 점이다. 그래서 길면 몇 시간 정도 최대 속도로 생장한 후, 더 이상 살아 있는 세포의 수가 증가하지 않는다.

모든 생명체는 수명이 있다. 인간의 수명은 길어지고 있으나 아직 100년을 넘기기 힘들다. 일반적으로 수명은 개체가 태어나서 죽는 순간까지 걸리는 시간으로 측정한다. 그러므로 개체의 수명을 측정하기 위해서는 태어난 시간과 생명 현상이 멈춘 시간이 중요하다.

그렇다면 대장균의 수명은 집단의 생장이 멈춘 시간까지로 볼 수 있을까? '그렇다'고 시원하게 대답하기 어렵다. 이분법적으로 생식하는 대장균은 하나의 세균이 둘로 나뉠 때 어느 쪽이 먼저 있던 세균인지 구별하는 게 어렵다. 그래서 굳이 따지자면 생겨난 후 한 번 분열할 때까지 걸리는 시간을 수명이라고 볼 수 있다. 앞서 설명했던 영양분

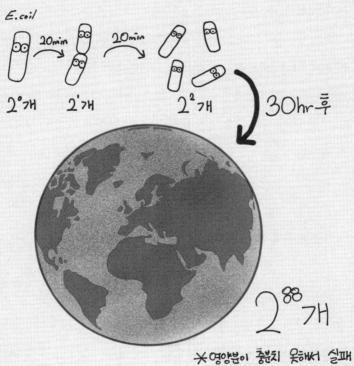

이 풍부한 이상적 환경에서 20분에 한 번씩 분열하는 대장균은 20분이 수명인 셈이다.

물론 같은 상황을 다르게 설명하는 것도 가능하다. 분열한 후 죽은 세포는 없다. 대장균 1번이 2번과 3번이 되었을 뿐, 1번이 죽은 것은 아니라고 할 수도 있다. 그렇기에 우리가 알고 있는 수명의 개념을 적용하는 게 어려운 것이다. 분열된 2번과 3번을 모두 원래의 1번 세포라고 가정하면 대장균은 영원히 죽지 않는다. 이는 이분법을 이용해 분열하는 모든 균이 가진 공통적인 특징이다. 이 이론을 따르면 세균의 수명은 무한정이 된다.

미생물 연구로 장수 비결을 찾는다?

사람의 체세포 분열도 미생물의 증식과 유사하다. 하나의 세포였던 수정란 단계에서 체세포 분열을 통해 성인의 몸에 있는 30조 개 정도의 세포로 증식하는 것이다.[2,3] 이때 사람의 수명을 결정짓는 데 핵심적인 역할을 한다고 알려진 텔로미어가 등장한다.[4] 텔로미어는 염색체 끝에 있는 특이적인 DNA 부위다. DNA 복제에는 몇 가지 원칙이 있다. DNA의 합성은 5' 쪽에서 3' 쪽으로 진행되며 새로운 뉴클레오티드Nucleotide를 첨가하기 위해서는 기존의 화합물에 연결해야만 한다. 아무것도 없는 곳에 처음의 뉴클레오티드를 만들어낼 수는 없다. 이러한 이유 때문에 DNA를 복제할 때 처음 시작은 RNA로 만들어진 시발체 프라이머Primer를 사용할 수밖에 없으며 지연가닥Lagging strand에서는 DNA 조각인 오카자키 프래그먼트Okazaki fragment가 관찰된다.

위와 같은 방식으로 복제가 진행될수록 염색체는 짧아진다. 이 때문에 염색체의 복제 횟수에 한계가 있고, 일반적으로 사람의 세포는 50회 정도의 세포 분열을 하는 것으로 알려져 있다. [5] 매번 분열할 때 2배의 세포 수를 만든다면, 수정란으로 출발해 2^{50} = 1000조 개 정도의 세포 수를 가질 수 있다. 사람의 몸을 이루고 있는 세포 수는 30조~40조 개로 추정되는데, 살아가는 동안 죽는 세포까지 감안하면 현재 인간의 수명을 설명할 수 있는 논리적인 수치로 판단된다.

여기서 다시 미생물 이야기로 돌아가보자. 그렇다면 미생물은 복제를 거듭하면서 염색체가 짧아지는 문제를 어떻게 해결할까? 하나는 염색체를 원형으로 만드는 것이며, 다른 하나는 염색체 복제에서 말단 부분에 RNA 프라이머 대신 프로틴 프라이머Protein primer를 이용하는 것이다. 두 방법 모두 염색체를 복제하는 과정 중에 DNA를 잃어버리지 않으면서 무한히 증식할 수 있는 방법을 제공한다. 미생물의 수명이 무한정이라는 주장을 뒷받침하는 관찰 결과이기도 하다.

그러면 수명과 관련해 하나 더 드는 생각이 있다. 미생물은 나이가 먹어 늙었다고 판단하면 세포 분열을 한 후 다시 젊어지고 새롭게 생을 시작하는 것일까? 지금까지의 이야기를 고려하면 맞는 말이다. 그렇다면 사람도 비슷하게 젊어지는 방법은 없을까? 실제로 우리 몸 또한 세포 분열을 통해 새로운 세포를 만들고 오래된 세포는 제거한다. 이 때문에 50번의 세포 분열이라는 한계에 부딪치게 된다. 만약 미생물이 하는 것처럼 사람에게도 이를 극복하는 방법이 생긴다면 수명이 획기적으로 늘어나며 건강하게 살 수 있는 방법을 쉽게 개발할지도 모르겠다.

사랑 체세포 분열 중 유전자 복제

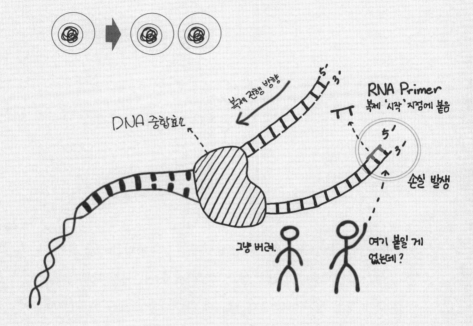

복제 진행 방향

5'
3'

RNA Primer
복제 '시작' 지점에 붙음

DNA 중합효소

5'
3'

손실 발생

그냥 버려.

여기 붙일 게
없는데?

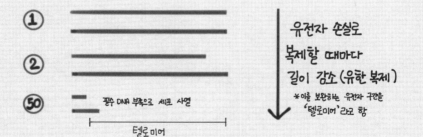

① ─────────────
② ─────────────
㊿ ─ 필수 DNA 부족으로 세포 사멸

└─────── 텔로미어 ───────┘

유전자 손실로
복제할 때마다
길이 감소 (유한 복제)

※ 이를 보완하는 유전자 구간을
'텔로미어'라고 함

04 실패는 두렵지 않다

미생물은 빠른 번식을 통해 개체를 늘려가면서 무한한 수명을 갖게 된다. 그렇기에 미생물은 똑같이 정교하게 복제하는 것보다 빠르게 복제하는 것에 훨씬 큰 의미를 둔다. 세균이 유전자를 복제하는 과정에서 발생하는 실수를 교정하는 기능이 진핵세포보다 낮은 이유도 이 때문이다.

인간의 염색체에는 29억 개 이상의 염기서열이 있고[6] 체세포 분열을 위해 염색체를 복제하는 과정 중에 3000개의 오류가 발생한다. 그러나 이를 바로잡을 수 있는 오류 정정 기능이 제 역할을 하기 때문에 결과적으로 약 2~3개 정도의 오류만 발생한다. 이와 달리 대장균의 경우에는 유전자가 400만 개 이상의 염기쌍으로 되어 있으며, 이를 복제하는 과정에서 2000개 정도의 복제 오류가 발생한다. 그러나 사람의 세포와 같은 추가적인 오류 수정을 통해 오류의 확률을 크게 줄이는 기작은 알려져 있지 않다. 이로 인해 대장균 세포가 분열하면서 2000개의 다른 염기서열이 무작위적으로 도입된 돌연변이가 발생하는 것이다.

그러면 대장균의 높은 유전자 복제 오류가 생장에 도움이 될까? 세균에게는 매우 도움이 된다. 사람의 경우를 우선 이야기해보면, 처음 하나의 세포인 수정란이 형성된 이후에 수많은 체세포 분열을 통해 개체가 발달하고 성장한다. 이때 돌연변이가 발생하면 비정상적인 세포로 변이되고, 이들은 결국 조직의 기능을 망가뜨려 개체가 사망하는 결과를 초래한다. 대표적인 예가 세포 분열과 관련한 조절 기능을 상실한 종양세포다. 그러므로 사람의 세포는 각각 그 기능이 정확하고, 조직에 맞게 분화 및 작동해야 하며, 세포 수준에서의 기능 저하는 개체의 생존을 위협하는 문제가 된다.

미생물 세포 분열 중 유전자 복제

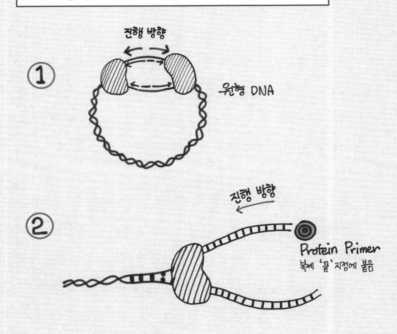

진행 방향

① 원형 DNA

진행 방향

② Protein Primer
복제 '끝' 지점에 붙음

①
②
ⓝ

유전자 손실이 없으므로
복제를 계속해도
길이 유지 (무한 복제)

빠른 생장과 유전 정보의 다양성 확보

그러나 세균의 경우는 단세포 생물이므로 세포 분열이 일어나는 현상 자체가 개체의 증가다. 세포가 분열하는 현상을 생식이나 성장이라는 용어보다 생장이라는 말로 표현하는 것은 이런 이유와 연관이 있다.

　세균의 세포는 인간의 세포만큼 기능이 분화되지 않았으며 상호 의존적이지도 않다. 그러므로 유전자 복제가 잘못되어 돌연변이 세포가 발생해도 다른 정상적인 세균의 생장에는 대부분 영향을 주지 않고, 돌연변이 세포만의 문제로 끝난다. 오히려 돌연변이 세포의 발생 오류를 수정하는 노력을 포기함으로써 얻게 되는 생장 속도의 증가가 집단에게는 훨씬 유리하게 작용한다.

　또한 오류 정정 기능의 포기를 통해 유전 정보의 다양성도 확보할 수 있다. 사람의 경우에는 아버지와 어머니로부터 각각 23개의 염색체를 받아서 개체가 형성된다. 생식세포를 만드는 과정에서 각각의 염색체 2개 중 선택하므로 한 명의 아버지나 한 명의 어머니가 만들 수 있는 생식세포의 다양성은 2^{23} = 8,388,608(약 10^7) 정도다. 이렇게 다양한 정자와 난자가 수정하기 때문에 한 사람의 어머니와 한 사람의 아버지로부터 지금까지 지구상에 존재했던 사람의 수만큼 다양한 유전 정보를 갖고 있는 개체를 만들 수 있다. 그러나 이는 염색체 간의 교차를 고려하지 않은 것이다. 염색체당 2~3개 정도의 교차가 일어나는 것을 고려하면 사람의 유전자 다양성 확보는 수정 과정을 통해 충분히 이루어지고 있다.

그러나 세균은 수정Mating 과정 없이 하나의 세포가 똑같이 복제하는 이분법적 증식을 하므로 유전자의 다양성을 확보할 방법이 없다. 이때 유전자 복제 과정의 오류 생성이 중요한 역할을 수행한다. 무작위적으로 발생하는 복제 오류에 의해 유전자 변이가 도입되고, 변이된 세포들은 대부분의 경우 생장에 불리해 도태한다.

하지만 환경의 변화가 생기면 이야기가 달라진다. 균주 중 생장에 보다 유리하게 변이된 것이 있으면 생존 경쟁에서 이기면서 기존의 균주를 대체한다. 이를 통해 새로운 환경에 적응하는 균주의 변이가 가능해지는 것이다. 미생물이 생장함에 따라 영양물질의 고갈, 노폐물의 축적 등 생장 환경이 끊임없이 변화하므로 계속적인 변이를 통해 적응해

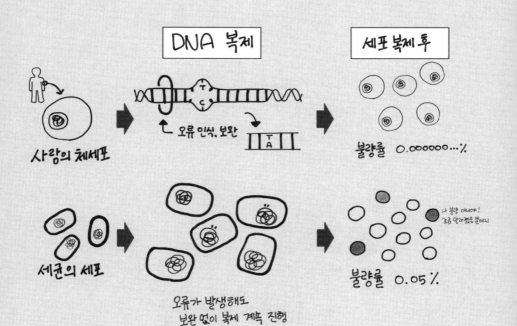

DNA 복제

세포 복제 후

사람의 체세포

오류 인식, 보완

T A

불량률 0.000000···%

세균의 세포

오류가 발생해도
보완 없이 복제 계속 진행

불량률 0.05%

나 불량 아니야!
조금 달라졌을 뿐이지

야 생존에 유리하다. 그러므로 유전자 복제의 정확도를 높이기보다 많은 수의 세포를 짧은 시간에 만들 수 있는 방법을 이용하고, 그 과정에서 유전자의 변이를 손쉽게 도입하는 것이 단세포 생물에게 최적화한 생존 전략인 셈이다.

05 변화에 유연하게
대처하는 자세

생물은 모두 환경 변화에 반응한다. 동물은 주위 환경 변화에 대한 반응이 다양하다. 온도가 변하면 털갈이를 하고 피하지방을 축적한다. 세포 수준에서는 당 섭취량을 늘려 글리코겐이나 지방의 형태로 저장한 후, 혈액 내의 포도당 농도가 낮아지면 저장된 에너지 화합물을 방출해 사용한다. 인간은 가뭄이 예상되면 댐을 만들고 겨울이 오기 전 난방 연료를 비축한다. 이 밖에도 환경 변화에 대응할 수 있는 방법을 다양하게 만들어낸다. 미생물도 이와 다르지 않다.

단순한 세포 상태로 살아가는 미생물이지만, 주어진 환경에서 살아남거나 혹은 승자가 되기 위한 활동을 한다. 최소의 수준이기는 하나 세포 또한 생명 현상을 관찰할 수 있기 때문에 이 같은 환경 적응 활동은 어쩌면 당연한 생존 본능일 것이다. 특히 세포의 수를 늘리는 것이 종족의 번식 전략인 미생물은 최대한 영양물질을 흡수해 효율적으로 이용하는 움직임을 보인다. 미생물은 환경의 변화를 단백질의 변화나 세포막의 변화를 통해 감지하는 것으로 추측할 수 있다. 감지된 신호는 시그널 트랜스덕션Signal transduction이라는 세포 내 단백질 간 상호작용으로 전달되며, 이에 따라 유전자의 발현 양상이 변화한다. 새로운 환경에 필요없는 단백질의 합성은 억제되고, 새롭게 필요한 단백질의 합성은 촉진되는 방향으로 미생물의 생리가 변화하는 것이다. 이런 대부분의 반응은 궁극적으로 유전자 발현의 변화로 귀결된다.[7]

미생물의 스트레스 반응

우리가 환경 변화에 따라 적응하는 과정에서 반드시 만나는 또한 가지가 바로 스트레스다. 미생물을 연구하면서 미생물 역시 환경 변화에 적응하는 생물이기에 스트레스를 동일하게 느낄 것이라는 생각이 들었다. 미국에서 박사과정을 밟으며 고초균Bacillus subtilis의 범용 스트레스 반응General stress responses 기작에 대한 연구를 했다. 미생물이 불리한 환경 변화에 노출되는 것을 스트레스라고 표현하고, 에탄올이나 소금 등을 넣었을 때 고초균이 어떤 메커니즘으로 스트레스에 대해 일반적인 내성을 갖도록 신호를 처리하는지에 대한 연구였다.

결과적으로 고초균이 죽지 않을 농도의 에탄올이나 소금을 넣은 경우, 고초균은 이를 견디기 위해 각 스트레스에 효과적인 선택적 대응 반응을 보였다. 동시에 환경적 변화를 감지한 세균은 미래의 예측할 수 없는 스트레스 대부분에 대한 전반적 내성이 증가하는 현상도 함께 보였다. 가령 에탄올에 노출된 세균은 소금에 대한 내성도 일부 증가했다. 따라서 일반 고초균보다 에탄올에 노출된 고초균에서 변화를 끌어내기 위해서는 더 높은 농도로 소금을 처리해야 했다. 이렇게 특정 환경 변화와 관련 없는 전반적인 스트레스에 대한 내성이 증가하는 게 범용 스트레스 반응 기작이다.[8,9]

미생물은 이렇게 전달 및 결정되는 신호에 따라 유전자의 발현을 조절하고 세포의 생리 또한 적절히 조절한다. 이는 사람이 환경에서 스트레스를 받으면 그 외 다른 스트레스에도 견디게 되는 경우와 닮은 부분이다. 비록 단세포 생물로서 신호 전달과 의사 결정 단계가 동물보다 단순한 것 같아도 전반적인 정보의 흐름은 매우 유사하다고 여겨지는 근거이기도 하다.

이런 모든 활동은 결과적으로 생존을 위한 노력이라고 생각하면 된다. 효모의 변화를 통해 이를 보다 명확하게 살펴볼 수 있다. 진균의 일종인 효모는 에탄올 발효를 하는데, 그 과정에서 만들어진 포도당의 부산물인 피루브산을 이용해 이산화탄소를 하나 버리고 에탄올을 만든다.

흔히 맥주, 막걸리, 포도주 등의 술이 만들어지는 과정을 생각하면 이해하기 쉽다. 곰팡이의 일종인 효모는 세균을 비롯한 다른 미생물들과 영역 싸움을 한다. 이때 한정된 산소만 존재하는 공간에서 번식하기 위해 산소 없이 포도당을 통해 에너지를 만드는 에탄올 발효를 하게 되는 것이다.

그런데 만일 효모가 에탄올 발효가 아닌 젖산 발효를 해서 생식하면 그 결과로 만들어진 젖산은 다른 미생물들의 생장을 돕는 먹이가 되어버린다. 이를 방지하기 위해 이산화탄소를 하나 버리고, 에탄올을 만들어낸다. 이렇게 하면 자연스럽게 주변의 세균을 소독하면서(에탄올이 소독을 가능하게 해준다) 자신의 개체는 늘리는 결과를 얻을 수 있다. 즉, 생존 경쟁에서 이기는 셈이다.

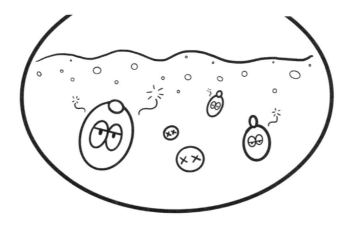

06 생명의 창시자, 생명체의 조력자

모든 생명체는 미생물에서 출발했다는 이야기가 있다. 우리가 상상할 수 없는 먼 옛날 지구상에 처음 자리를 잡은 생명체는 세포 생물이었을 것이다. 실제 과학자들이 밝혀낸 정보에 따르면 39억 년 이전 슈퍼세균으로부터 현재의 모든 생명이 시작됐다고 한다. 이 슈퍼세균의 이름이 최후의 우주 공통의 조상, 루카LUCA, Last Universal Common Ancestor다.[10]

당시의 지구는 지금과 달랐다. 생명에 불리한 조건으로 가득한 원형의 행성일 뿐이었다. 그런 지구에 미생물이 등장했고, 엄청난 생장 속도와 어떤 물질은 분해하고 복원하는 미생물만의 특징으로 지구를 생명이 살 수 있는 땅으로 점차 변화시켰을 것이다. 특히 모든 생물에 절대적인 것, 즉 산소가 미생물의 광합성 활동을 통해 등장했다. 그 덕분에 지구라는 땅에 다양한 종의 생명이 탄생할 수 있었다.[11]

면역력의 핵심, 건강 조력자 미생물

인간이라는 생명의 시작부터 미생물은 인간과 함께해왔다. 우리 몸은 수십만 년의 진화 과정을 거치면서 종류를 알 수 없는 바이러스, 질병, 환경적 변화를 경험했다. 이는 곧 그만큼의 미생물을 경험했다는 것과 같은 이야기다. 앞서 이야기했던 것처럼 이런 과정을 통해 우리도 모르는 사이에 기본 면역력을 길렀다. 실제 우리 몸에 암세포를 죽이는 면역력, 각종 바이러스를 견딜 수 있는 면역력이 존재하는 것도 이런 사실을 뒷받침한다. 다만 급변하는 환경과 달라진 생활 습관이 면역력을 약화시키면서 질병에 노출되고, 건강을 잃는 경우가 생기는 것이다. 이 말은 반대로 면역력을 키우면 질병을 이겨내고, 스스로의 건강을 지킬 수 있다는 뜻이다. 그렇기에 우리 몸이 스스로 힘(면역력)을 기를 수 있도록 도움을 줘야 하는데, 그 역할을 돕는 존재가 바로 미생물이다. 우리를 둘러싼 모든 환경에 존재하는 미생물은 인간에게 긍정적 영향력을 행사하는 존재다. 장과 피부에 살고 있는 미생물의 역할이 점차 밝혀지면서 마이크로바이옴 환경의 중요성도 높아지고 있다. 앞에서 미생물이 갖고 있는 여러 특징을 살펴보면서 "미생물에 대해 알아야 한다"고 이야기했던 이유도 이 때문이다.

미생물은 매우 작은 생물로 주위 환경에 스스로 대처하는 능력에 한계가 있다. 환경의 영향을 크게 받는다는 뜻이다. 그러므로 포유류 같은 생물체와 공생하는 것은 미생물 입장에서는 천국 같은 서식처를 확보하는 셈이다. 온도가 일정하게 유지되고 삼투압이나 영양분도 일정하게 공급받으므로 그저 생장하기만 하면 된다. 이때 숙주에게 해를 입혀서 숙주를 죽이면 확보한 좋은 서식처를 잃게 된다. 미생물 입장에서도 숙주에게 이익을 주고 건강하게 살도록 하면서 기생이 아닌 공생을 하는 것이 바람직하다. 일반적으로 우리와 함께 살아가는 미생물이 질병을 일으키지 않고 숙주인 우리 몸의 건강에 도움을 주는 역할을 하는 것은 이런 이유에서다. 우리와 함께 살고 있는, 우리 몸에 살고 있는 미생물이 건강에 가장 큰 영향력을 행사하는 조력자인 셈이다.

그렇기에 우리도 미생물에 대해 알아야 한다. 알아야 잘 활용할 수 있다. 지금까지 외쳤던 것처럼 세균 박멸이 답은 아니다. 미생물이 없는 곳에서는 어떤 생물도 살아남을 수 없다. 일방적 배척, 공격이 아니라 미생물과의 공생을 통해 건강한 삶을 완성해야 한다.

2 (미생물의 역할 찾기)

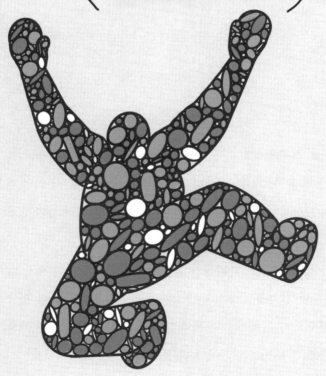

01 태생적인 지구 환경 창시자

이번 이야기도 질문으로 시작해보자. "우리가 숨 쉬고 살아갈 수 있는 가장 큰 원동력, 즉 산소는 어떻게 만들어질까?" 대부분의 사람들은 식물의 광합성이라고 답할 것이다. 실제로도 이 답은 틀리지 않다.

프리스틀리라는 과학자가 식물의 광합성 과정을 밝히는 실험을 했다. 총 3가지 경우의 수를 만들었는데, 하나는 밀폐된 유리 종 속에 식물만 두었고 다른 하나는 같은 환경에 동물(쥐)만 두었다. 마지막으로 같은 유리 종 속에 식물과 동물을 함께 넣었다. 시간이 지나자 첫 번째와 두 번째에서 각각 식물과 동물은 죽었지만, 마지막 상황에서는 둘 다 살았다.

이 실험을 통해 프리스틀리는 식물과 동물이 살기 위해서는 각자 필요한 성분이 있는데, 서로 함께 있을 때 생존에 필요한 성분을 얻는 것이라고 생각했다. 동물이 호흡하며 뱉는 이산화탄소CO_2가 식물의 광합성(생장을 위한 필수 활동)에 사용되고, 그 후 식물은 다시 산소O_2를 방출해 동물이 깨끗한 공기를 얻을 수 있다는 사실을 증명한 것이다. 그러나 이 실험이 매번 같은 결과를 낳지는 않았고, 수많은 과학자들이 연구를 거듭한 끝에 잉엔하우스는 햇빛의 유무가 비밀임을 밝혀냈다. 결국 동물이 살기 위해서는 빛이 비치는 곳에 녹색 식물과 함께 있어야 했던 것이다.

그런데 과연 산소는 식물에서만 나오는 걸까? 우리는 녹색 식물에서만 산소를 얻을 수 있을까? 당연히 아니다. 흔히 나무로 표현되는 식물은 생장을 위해 공기 중의 이산화탄소를 활용한다. 그렇기 때문에 공기 중 이산화탄소를 줄이고 그 과정에서 산소를 방출하는 것이다. 그러나 나무의 수명이 오래될수록 생장은 줄어든다. 막 자라기 시작한 나무는 생장을 위해 많은 이산화탄소를 흡수하지만 오래된 나무는 더

① 식물만 있을 때

빛과 이산화탄소가
없어서 사망

② 동물만 있을 때

산소가 없어서 사망

③ 동물, 식물, 빛이
   함께 있을 때

광합성, 호흡으로
산소와 이산화탄소를
주고받으며 공존

이상 급격히 크기를 키우지 않아도 되기 때문에 이산화탄소를 많이 쌓아두어야 할 필요가 없다. 그래서 오래된 나무는 이산화탄소를 제거하는 능력이 현저하게 줄어든다고 볼 수 있다.[12]

이런 이유로 종종 나무를 베어내 새로운 나무가 자랄 수 있는 환경을 만들어주는 것이다. 자연적 산불이 일어나는 것을 이런 현상의 하나로 보는 경우도 있다. 밀림이나 숲이 우거진 곳에서는 몇 년에 한 번씩 불이 나는데, 이는 숲이 자라면서 축적한 에너지를 재사용하는 활동인 셈이다. 관리를 너무 잘해서 50년, 100년 동안 에너지가 쌓이기만 하면 한 번에 모든 것을 삼켜버릴 정도의 산불로 터지고 만다. 이를 막기 위해 숲은 종종 작은 불을 통해 에너지를 소모하고, 그 과정에서 새로운 나무와 풀 등 생명의 세대 교체도 이뤄진다.

산소를 만드는 숨은 주인공

그럼 산소를 만들어 지구상의 생명체를 살게끔 하는 진짜 주인공은 누구일까? 바로 미생물이다. 지구상 산소의 50~85%를 만드는 것은 바

닷속 식물성 플랑크톤이다(https://earthsky.org/earth/how-much-do-oceans-add-to-worlds-oxygen). 식물성 플랑크톤을 세세하게 살펴보면 수많은 종류의 생물을 찾을 수 있으나 이 모든 생물은 결국 미생물로 분류된다. 이들은 물과 햇빛·이산화탄소를 이용해 자신의 생장을 위한 탄수화물을 만드는데, 이 과정에서 버려진 폐기물이 바로 산소다. 즉 지구상 모든 생물체를 살게 하는 산소는 바닷속 미생물들이 먹이를 만들면서 버린 찌꺼기인 셈이다.

02 생태계 에너지 공급원

지구상의 생태계 유지를 위해 꼭 필요한 요소 중 하나가 미생물이라는 사실은 의심의 여지가 없다. 태양과 물, 공기처럼 기본 요소에 속한다고 해도 과하지 않다. 미생물의 역할이 없으면 지구상의 생태계는 유지될 수 없다. 앞서 설명한 것처럼 산소 공급자로서 역할이 크다. 물론 이것이 전부는 아니다. 생태계에서 미생물은 생명 조율자라고 불러도 지나치지 않을 정도로 많은 활동을 한다.

미생물에 의한 질소 고정

질소는 생태계 유지를 위해 가장 중요한 물질이다. 생물의 필수 영양분인 단백질의 중요한 구성원이기 때문이다. 아미노산에 들어가는 N이 질소라고 생각하면 된다. 유전적 특성을 간직한 DNA에도 포함되어 있다. 이렇게 중요한 질소가 지구에는 많다. 공기 중 가장 많은 양을 차지하는 물질이다. 부피 비율로 무려 78%(v/v)의 지분을 가진다.

그러나 질소는 꼭 필요하고 양도 많지만 생명체가 가장 이용하기 어려운 물질이기도 하다. 화학 구조식으로 살펴보면 이해하기 쉽다. 질소의 화학 구조식은 질소 원자 2개가 3개의 공유 결합(3중 결합)으로 연결되어 있는 모양새다. 일반적인 유기 물질에서는 3중 공유 결합을 찾아보기 어려울뿐더러 일반 생명체에는 이런 결합을 자를 수 있는 능력도 거의 없다. 이때 해결사처럼 등장하는 특별한 존재가 바로 미생물이다.

공기 중의 질소를 생태계에서 사용할 수 있는 물질로 전환시키는 특별한 능력은 질소 고정 미생물만 갖고 있다. 쉽게 말하면 특정 미생

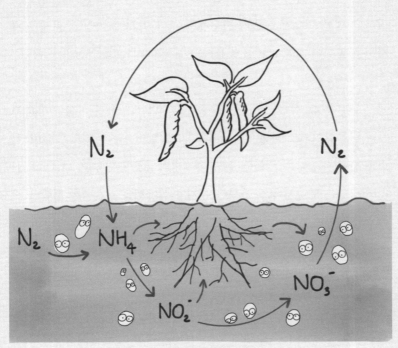

N_2 NH_4 NO_2^- NO_3^-

< 질소의 순환 과정 속 >
미생물의 역할

물이 3중 결합을 끊어 질소를 고정한다. 질소를 고정한다는 것은 공기 중의 질소를 암모니아로 전환한다는 뜻이다. 이렇게 전환된 암모니아는 생물체가 필요로 하는 물질의 합성에 이용된다. 생태계가 대기 중의 질소 가스를 이용 가능한 형태로 만드는 유일한 방법이 바로 질소 고정이기 때문에 이러한 전환 과정이 이뤄지지 않는다면, 추가적인 질소 공급 없이 탈질소화 과정을 겪는다.

궁극적으로는 모든 유기 질소가 공기 중의 질소 가스로 전환된 후에는 자연계 생물들이 아미노산을 구할 수 있는 길이 사라진다. 인간의 기준으로 생각하면 필수 영양소의 하나인 단백질 섭취가 불가능해지는 것을 의미한다. 이는 생물체의 생존을 위협하고, 현재 생태계를 구성하고 있는 생물이 모두 사멸할 수도 있는 일이다. 질소 고정화가 생물체의 생존과 직결될 정도로 중요한 활동인 이유도 여기에 있다.

그럼 질소를 고정하려면 어떤 조건들을 충족해야 할까? 가장 필수적인 것은 산소가 없는 환경이다. 이 환경을 만들 수 있는 미생물 중 대표적인 것이 콩과 식물에서 뿌리혹을 만드는 공생 세균, 즉 뿌리혹박테리아다. 콩과 식물에 침투해 뿌리혹을 만들어 산소가 들어오지 못하는 환경을 식물과 함께 완성한다. 뿌리혹 안에서 미생물이 자라며 질소 고정을 해 콩과 식물에 전달한다. 이런 상호 작용으로 질소 화합물을 생산해 생태계에 제공하는 것이다.

분해자로서 미생물

인구 1000만 명이 살고 있는 서울에서 매일 아침 한 사람이 100g의 변을 배출한다면 하루에 1000톤의 변이 만들어진다. 이를 하루 만에 처리하지 못하면 양은 점차 쌓이게 될 것이다. 음식물 쓰레기를 포함한 막대한 양의 유기물 쓰레기 역시 비슷하다. 수분 함량이 높아 연소시키는 것은 적당하지 않아 반드시 다른 방법이 필요하다. 결국 유기 물질이 만들어지면 누군가는 사용을 해야만 쌓이거나 남아서 또 다른 문제를 초래하지 않는다. 그러나 자연에서 생산에 활용할 수 있는 형태는 이산화탄소, 수분 등 정해진 모양이 있다. 따라서 만들어진 유기 물질을 자연이 이용할 수 있는 모양으로 변화시키는 과정이 필요한데, 이때 분해자로서 역할을 하는 것이 미생물이다. 우리가 쓰레기 더미 혹은 오물 더미에서 살아가지 않는 이유, 위생적인 생활을 유지할 수 있는 이유가 미생물 덕분이라고 생각하면 된다.

여기서 그치지 않는다. 미생물은 특별한 오염을 정화하는 데도 이용된다. 대표적인 사례로 유조선 사고로 바다에 방출된 원유의 분해를 들 수 있다. 지난 2007년 서해안에 다량의 원유가 유출되는 사고가 있었다. 이때 많은 이들의 노력으로 원유 제거를 진행했고, 제거된 원유는 소각을 통해 완전하게 처리했다. 그러나 바다에 남은 잔류 원유까지 인간의 노력으로 100% 정화하는 것은 불가능에 가깝다. 이는 자연이 스스로 정화하기를 기다리는 수밖에 없는데, 이런 역할을 하는 것이 바로 미생물이다. 만약 미생물이 제 역할을 하지 못해 원유가 분해되지 않고 바다에 계속 남아 있다면 생태계에 나쁜 영향을 미치고, 인간의 건강 또한 엄청난 위협을 받게 될 것이다.

에너지의 흐름과 물질의 순환

생태계가 완전한 모습을 유지하기 위해서는 반드시 에너지의 흐름과 물질의 순환이 이뤄져야 한다. 에너지의 흐름은 태양에너지의 움직임

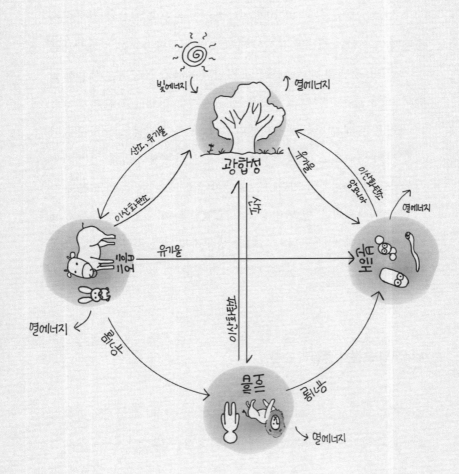

을 의미한다. 태양에너지가 지구로 와서 광합성에 이용되고, 포도당이 만들어져 누군가의 식량이 되고, 다시 먹이사슬이 진행되는 등 각종 단계를 거친 후 열에너지로 전환되어 동일한 양만큼 지구 밖으로 빠져나가는 것이 흐름이다. 여기서 들어오는 것보다 적은 열에너지가 방출되면 지구가 뜨거워지는데, 현재의 지구 온난화는 이런 이유로 발생하는 것이다. 에너지 흐름의 마지막 단계에서 분해를 통해 열에너지를 모두 방출할 수 있게 해주는 것도 미생물이다.

물질의 순환은 에너지를 담는 그릇이 찼다가 다시 비워지는 과정이라고 보면 된다. 에너지는 어딘가에 담겨야만 역할을 할 수 있다. 이때 물과 이산화탄소의 연결을 통해 만들어지는 포도당이 에너지를 담는 그릇 역할을 한다. 그런데 모든 그릇이 다 채워져 있으면 어떻게 될까? 에너지가 아무리 많아도 사용할 수 없게 된다. 그래서 그릇은 재활용이 필요하다. 이를 가능하게 하는 것도 미생물이다. 지구 전체에 존재하면서 안 쓰는 유기 물질을 물과 이산화탄소로 바꿔준다. 그러면 둘이 연결되면서 새로운 그릇이 생기고, 에너지가 담겨 유기 물질로 변하는 과정이 반복된다. 이 과정이 물질 순환의 한 사이클이 된다.

결국 미생물은 광합성과 분해를 담당하면서 에너지 흐름의 처음과 마지막을 책임지고, 물질의 순환을 가능하게 한다. 일부 미생물은 질소 고정을 통해 생태계가 이용 가능한 질소의 양을 유지해주는 역할도 한다. 만약 미생물이 자기 역할을 하지 못하면 우리가 살고 있는 생태계는 말 그대로 붕괴할 것이다. 지구라는 행성에서 살고 있는 생명체라면 생태계의 생명 유지 환경을 가능하게 하는 존재, 즉 생명 조율자로서 미생물의 중요성에 대해 알아야만 하는 이유도 여기에 있다.

03 미생물과 바이러스의 상관관계

세균과 세균의 싸움은 사실 영역 다툼에 가깝다. 누가 더 많은 땅을 차지하느냐(땅의 양은 개체 수의 양과 동일하다고 보면 된다)에 따라 힘의 크기에 차이가 생기기 때문이다. 그러나 세균 사이의 싸움은 생존 자체와 직접적 연관성이 있는 것은 아니다. 세균의 생존을 위협하는 것은 바이러스다. 바이러스와 만나면 미생물도 병에 걸리기 때문이다.

세균에 대한 감염성 질환으로 '바이러스 감염'이 있는데, 세균 감염성 바이러스를 박테리오파지Bacterio phage라고 부른다. 바이러스가 숙주인 세균에 접촉하고 유전 물질을 세균 안에 주입한다. 주입된 유전 물질의 정보에 따라 세균은 바이러스 공장으로 전환된다. 이후 바이러스를 대량 생산하고 최후에는 세균이 터지면서 많은 바이러스가 방출되어 주위의 다른 세포를 다시 감염시킨다. 매우 작은 세균이 더 작은 바이러스의 영향을 받아 질병을 일으키는 감염원으로 바뀌는 것이다. 그 때문에 세균 입장에서는 바이러스의 공격을 방어하기 위한 방법을 고안해야 하고, 이때 등장하는 것이 제한효소Restriction enzyme다.

세균의 보호 무기, 제한효소

제한효소는 특이적인 유전자 염기서열을 인식해 유전자를 잘라주는 효소다. 바이러스는 세균을 감염시키기 위해 외부에서 세균 안으로 유전 물질을 주입하는데, 이때 세균 세포 안에 있던 제한효소가 바이러스의 특정 유전자 서열을 감지해 잘라버린다. 이렇게 유전자가 잘리면 바이러스는 감염이라는 본연의 기능을 상실한다. 결국 세균은 바이러스의 공격으로부터 스스로를 보호할 수 있게 되는 것이다.

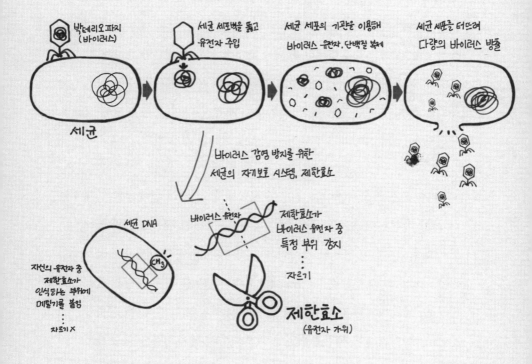

박테리오파지
(바이러스)

세균 세포벽을 뚫고
유전자 주입

세균 세포의 기관을 이용해
바이러스 유전자, 단백질 복제

세균 세포를 터뜨려
다량의 바이러스 방출

세균

바이러스 감염 방지를 위한
세균의 자기보호 시스템, 제한효소

세균 DNA

자신의 유전자 중
제한효소가
인식하는 부위에
메틸기를 붙임

⋮

자르기 X

바이러스 유전자

제한효소가
바이러스 유전자 중
특정 부위 감지

⋮

자르기

제한효소
(유전자 가위)

그러면 제한효소는 어떻게 특정한 유전 물질만 자를 수 있는 것일까? 세균은 제한효소와 동시에 항상 DNA를 화학적으로 변형시키는 효소를 가지고 있는데, 이 효소도 제한효소가 인지하는 특이적 염기서열을 동일하게 인식해 화학적 변형(메틸화)을 수행한다. 이렇게 되면 세균이 지닌 DNA는 비록 제한효소가 인지하는 특이적인 유전자 염기서열을 가지고 있더라도, 제한효소의 공격을 방어할 수 있다. 이때 화학적 변형은 자기 자신의 유전 물질에만 작용하게 된다. 세균 내부에 존재하는 효소가 역할을 수행하므로 세균 내부에 있는 유전자만 효소 역할 수행 범주 안에 포함되기 때문이다. 쉽게 말해 우리 편은 특수한 검의 공격을 막을 수 있는 갑옷을 입고 있다고 보면 된다. 갑옷은 전쟁이 시작되기 전 우리 편이라고 생각되는 군사들에게만 입게 한다.

바이러스는 상대편이다. 전쟁이 시작되기 전 우리 편에게만 입게 한 화학적 변형이라는 갑옷을 입지 못한다. 그래서 제한효소에 의해 특이적 염기서열이 잘리는 것이다. 그런데 이 모든 공격에서 바이러스가 살아남으면 감염된 숙주 세균 세포로부터 갑옷을 입은 자신의 세력으로 모두 교체되는 것은 당연한 일이다. 공격을 피할 수 있는 갑옷을 갖게 된 바이러스는 제한효소의 공격으로부터 자유로워지고, 분해되지 않으면서 세력을 더욱 늘려갈 수 있다.

건강한 세균이 왜 중요할까?

앞에서 바이러스 침투로 세균이 감염원이 되고 결국 기능을 상실하
는 과정을 설명했다. 그럼 반대로 세균에게도 건강하다는 개념이 있을
까? 당연히 존재한다. 세균은 불리한 환경에 노출되면 스트레스를 느
낀다. 스트레스 상태에서는 세포를 구성하는 물질인 세포막이나 단백
질이 변형되거나 기능을 상실한다. 이런 현상이 일어난 세균을 병약한
상태라고 표현한다.

그런데 이때 약을 먹거나 병을 치료하지 못하고 계속해서 스트레
스를 받으면 변형의 축적에 의해 세균은 결국 죽게 된다. 반대로 좋은
환경에 노출되면 병약한 상태의 세균도 점차 회복한다. 그러나 여기서
세균의 회복은 질병을 치료하는 것과는 좀 다른 의미다. 변형된 세포
막이나 단백질을 고쳐서 건강을 되찾는 것이 아니다. 변형된 것은 분
해해 없애버리고, 새롭게 정상적인 세포막과 단백질을 생성해 대체한

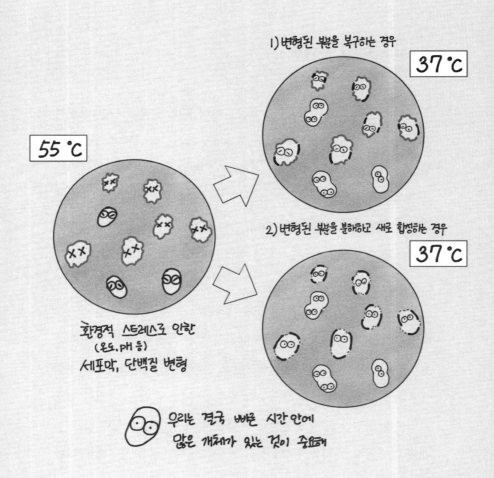

다. 그렇기 때문에 세균이 죽고 사는 문제와 가장 밀접한 것은 속도다. 정상적인 단백질과 세포막을 만들어내는 속도와 기존 세포막 및 단백질이 변형되는 속도 중 어느 쪽이 빠른지에 따라 결과가 달라진다고 보면 된다.

미생물에게도 당연히 죽느냐 사느냐가 가장 큰 문제다. 죽지 않는다면 언제든지 좋은 환경에서 많은 수의 미생물로 번식할 수 있기 때문이다. 불리한 환경에 노출되었던 미생물도 주어진 환경 변화에 따라 생존하는 수가 달라지며, 이때는 미생물 자체의 질병 여부보다 새로이 주어지는 생장 환경이 얼마나 많은 미생물을 살릴 수 있는지가 포인트다.

그러나 바이러스와의 싸움은 다른 문제다. 그 자체로 질병이 된다. 그렇기 때문에 세균 입장에서는 바이러스 감염원을 줄이기 위해 건강한 세균의 수가 절대적으로 많아야 한다. 건강한 세포는 바이러스 감염을 이겨내고, 이렇게 하나의 세포가 바이러스를 이겨내는 것이 그 주변 전체 세포의 바이러스 감염을 막아준다. 건강한 세균이 많을수록 이처럼 스스로의 면역 체계로 바이러스를 이겨낼 확률이 높아지고, 결국 주변으로 확산되는 바이러스를 억제할 수 있다.

04 자기 보호 본능

앞에서도 여러 번 설명한 것처럼 미생물은 아주 작은 생명체다. 또한 세포 단위로 주변 환경에 노출되어 있기 때문에 스스로를 보호하는 데 한계가 있다. 그럼에도 생명체이기 때문에 미생물 역시 자신을 지키기 위한 몇 가지 보호 체계를 보유하고 있다. 크게 태생부터 지닌 보호 체계, 변화를 통한 보호 체계, 이동을 통한 보호 체계로 나눠서 생각할 수 있다.

첫 번째 방법인 태생부터 지닌 보호 체계는 미생물이 갖고 있는 세포벽이다. 미생물의 세포벽은 아주 단단하다. 그래서 외부 물질이 쉽게 침투하기 어렵다. 주위에서 물리적 힘을 이용해 깨는 것도 거의 불가능하다. 동물의 세포는 삼투압으로 인해 물이 들어오면 점차 커지고, 더 이상 커질 수 없는 상태가 되면 터져버린다. 이와 달리 식물이나 미생물은 단단한 세포벽의 보호를 받아 세포가 터지는 일이 없다. 즉 스스로가 보유한 물질로 자신을 보호하는 것이다. 또 다른 보호 방법은 포자의 형성이다. 이런 미생물은 견딜 수 없는 스트레스라고 판단되면 포자를 만들어 끝없는 시간을 이겨낸다.

두 번째 방법은 변화를 통한 보호다. 미생물이 환경의 변화에 따라 다른 종의 미생물로 변한다는 얘기가 아니다. 가지고 있던 유전자 중에서 본래 선택했던 a를 버리고, b라는 유전자를 선택하는 정도의 변화라고 보면 된다. 한마디로 자신의 유전자 이용을 변화시켜서 생존 가능성을 높이는 셈이다. 갖고 있는 유전자의 선택적 변화뿐만 아니라 유전자 염기의 구성도 바꿀 수 있게 진화한다. 대장균처럼 사람의 몸속에서 사는 미생물은 환경의 공격을 받을 확률이 굉장히 낮아 유전자 염기 사이의 결합력이 약한 아데닌(A)이나 티민(T)을 많이 이용한다. 반대로 극한의 환경에서 견뎌야 하는 미생물은 염기 사이의 결합력이

강한 구아닌(G)이나 사이토신(C)을 많이 이용한다. 이중나선 구조의 DNA가 쉽게 분리되지 않아야 좀 더 극한 환경에서 살아남을 확률이 높아지기 때문이다.

마지막은 이동을 통한 변화다. 이건 실제로 밝혀진 사례가 다양하다. 예를 들어 대장균의 경우 자신의 먹이로 활용되는 포도당이 많은 쪽으로 이동한다. 눈이 없어도 스스로에게 도움이 되는 환경을 찾는 센서가 발달해서 이런 이동이 가능하다. 빛이 많은 환경, 산성도가 맞는 환경으로 이동하는 미생물도 있다.

사람과 미생물의 공생

미생물의 자기 보호 본능을 살펴보면서 사람과 닮은 점이 많다. 미생물처럼 사람 또한 자연의 일부이기 때문에 기본적으로 생존을 위한 활동에 비슷한 면이 많다. 아울러 혼자만 살아남는 것은 불가능하므로 항상 다른 생물과 상호 작용을 하며 살아간다. 미생물과 사람 사이에도 이런 자연의 법칙은 그대로 적용된다.

사람과 미생물의 가장 잘 알려진 공생 사례는 장내 미생물이다. 장이라는 기관은 일정한 온도와 습도가 유지되고, 영양분이 지속적으로 공급되는 곳이다. 한마디로 미생물이 증식하기에 가장 좋은 조건을 갖춘 셈이다. 그 때문에 어떤 형태라도 미생물이 증식하고 자리를 차지할 수밖에 없다. 그렇다면 과연 어떤 미생물이 증식해야 우리 몸에 긍정적 영향을 주는지를 생각해야 한다.

이러한 개념이 프로바이오틱스Probiotics다.[13] 프로바이오틱스는 살아 있는 균이다. 섭취를 통해 장에 도달하면 그곳에 살면서 우리 건강에 긍정적 도움을 제공하는 미생물이다. 프로바이오틱스는 장에 자리를 잡으면 외부 환경에서 들어오는 병원성 미생물이 장에 정착하는 것을 방해한다.

우리가 섭취한 영양분을 우리 몸이 필요로 하는 다른 영양 성분으로 전환해 공급하는 것도 프로바이오틱스의 역할이다. 독성 물질 중화, 면역력 향상도 돕는다.[14,15] 만약 프로바이오틱스가 우리 몸에서 활동하지 못하면 어떻게 될까? 변비나 설사 등의 일차원적 증상뿐 아니라 두통이나 피로감을 호소할 수 있다. 고혈압, 고지혈증 등 다양한 만성 질환의 원인이 되기도 한다. 장내 미생물의 중요성이 알려지면서 의학적 치료 방법으로도 활용된다. 그중에 대표적인 사례가 크론병 치료다. 건강한 사람의 장내 미생물을 환자의 장에 이식하는 방법으로 병의 치료 효과를 보고 있다.[16] 이는 장내 미생물이 우리 건강에 미치는 영향을 잘 보여준다.

미생물에 대한 이해는 단순한 생물 공부가 아니다. 미생물은 우리가 건강한 삶을 유지할 수 있도록 도와주는, 나와 평생 함께할 아군이다. 또한 앞서 살펴본 것처럼 생태계 안에서 모든 생명체에게 다양한 영향을 미친다. 스스로를 지키기 위해 다양한 활동도 하고 있다. 생태계 유지의 만능 열쇠라고 해도 과하지 않을 정도다. 이는 아직 전부 밝혀지지 않았을 뿐 인간 건강과 관련한 요소가 무궁무진하다는 의미도 된다.

05 인간에게 미치는 영향력

앞에서 언급한 것처럼 미생물은 매우 작은 생물로, 주위 환경에 스스로 대처하는 능력에 한계가 있다. 이는 환경이 미생물의 생존에 미치는 영향력이 엄청나다는 의미이기도 하다. 그러므로 포유류 같은 생물체와 공생하는 것은 미생물 입장에서 천국 같은 서식처를 확보하는 셈이다. 그런데 숙주에게 해를 입혀서 그 숙주를 죽이면 어렵게 확보한 좋은 서식처를 잃는 것인데, 과연 미생물이 숙주를 공격할까. 당연히 아니다. 공격보다는 숙주에게 이익을 주면서 함께 살아가는 것이 득이다. 그러므로 일반적으로 우리와 함께 살아가는 미생물은 질병을 일으키지 않고 숙주인 우리 몸의 건강에 도움을 준다. 그러나 외부에서 유입된 미생물은 우리 몸과의 공생에 맞춰 진화하지 않았다. 그래서 외부 미생물이 위험하다. 외부에서 우리 몸속으로 들어온 미생물은 자리를 잡기 위해 일단 장으로 향한다. 그 후 장내에 이미 자리를 잡은 공생 미생물들과 경쟁을 벌인다. 만일 이때 외부 유입 미생물이 지게 되면 우리 몸에는 어떤 증상도 나타나지 않는다. 대부분의 경우가 이에 해당한다. 우리가 접하는 모든 환경에 미생물이 존재하기 때문에 우리는 미생물과 함께 살아가고 있고, 당연하게 미생물의 몸속 유입도 빈번하게 이뤄진다. 그런데도 우리가 대부분 별다른 문제 없이 일상생활을 한다는 것은 공생 미생물들이 모두 제 역할을 하고 있다는 증거다.

몸의 변화는 미생물과 관련 있다?!

그러나 외부 유입 미생물이 이기면 이야기가 달라진다. 장내 환경은 새롭게 힘을 차지한 미생물이 좋아하는 환경으로 바뀌고, 이때 우리는 가스가 차거나 소화 불량 등 불편한 증상을 겪는다. 계속해서 외부 유입 미생물이 숙주인 우리 몸에 침투하면 면역 체계에도 문제가 생긴다.

물론 시간이 지나면 우리 몸의 면역 체계는 새로운 미생물을 제거하고 스스로 치유를 한다. 그러나 이런 과정이 모든 미생물에 적용되는 것은 아니다. 간혹 감염된 미생물을 제거하지 못하고 체내에서 그 미생물이 생장하면 최악의 경우 죽음이라는 결과를 맞기도 한다.

대장균을 예로 미생물이 우리 몸에 미치는 영향을 좀 더 자세히 살펴보자. 일반 대장균에 부가적인 병원성 인자(유전자)를 가진 대장균의 경우 감염성 질병을 유발한다. 발병 기작에 따라 장관독소원성 대장균Enterotoxigenic *E. coli*, ETEC, 장관병원성 대장균Enteropathogenic *E. coli*, EPEC, 장침투성 대장균Enteroinvasive *E. coli*, EIEC, 장출혈성 대장균Enterohemorrhagic *E. coli*, EHEC으로 구분된다. 대장균은 장내 공생 미생물로 알려져 있는데 왜 숙주한테 문제를 일으키는 대장균이 존재하는 것일까? 모든 대장균이 사람의 장에서 유래한 것은 아니며 외부 환경 또는 다른 동물의 장에 서식하는 대장균이 있을 수 있기 때문이다. 외부에서 만들어진 대장균이 우리 몸에 들어와 어떤 영향을 미칠지는 불확실하다. 그러나 숙주를 바꾼 대장균이 새로운 숙주와 공생하지 않겠다고 판단한다면 굳이 우리 몸과 공생을 택할 이유가 없다. 이때 몸에 문제가 발생하는 것이다. 또 다른 경우는 장에서 공생하는 대장균이 외부로부터 병원성 인자를 획

득해 병원성 대장균으로 변화하는 것이다. 병원성 인자(유전자)를 획득하면 평화롭게 공생하던 대장균이나 미생물도 병원성 미생물로 전환되면서 우리 몸에 해를 입힐 수 있다.

유익한 균총의 확보가 필요하다

이런 경우를 살펴보면 외부 침입과 내부의 변형 어느 쪽도 완전하게 막는 것은 불가능하며 건강을 위해 미생물을 완전히 없애는 것은 실현 불가능하다는 것을 알 수 있다. 따라서 이미 우리 몸에 있는 미생물을 더 건강하고 튼튼하게 유지하려는 노력이 필요하다. 우리 몸에 유익한 균으로 이루어진 균총을 확보하고 있으면 외부로부터 병원성 미생물이 들어와도 미생물 간의 경쟁을 통해 질병의 발현 가능성을 낮출 수 있다. 우리가 유익한 균과 함께 몸을 방어한다면 외부 침입자인 병원성 균주나 병원성 인자의 유입으로 인해 생기는 반란군을 물리칠 수 있다. 이를 위해서는 다양한 미생물과 가장 밀접하게 접촉하는 우리 몸의 두 부위, 즉 장과 피부에 대해 좀 더 자세히 이해할 필요가 있다.

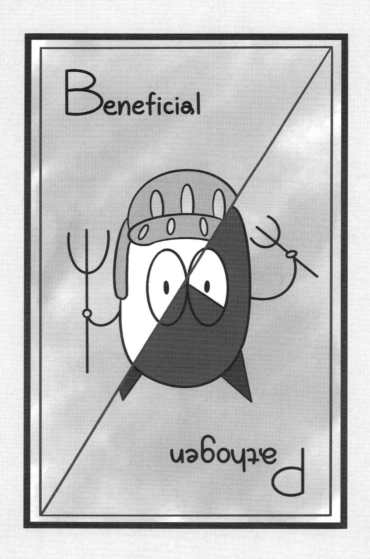

3 (몸을 나눠 쓰는 존재)

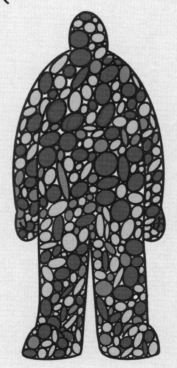

01 소화 기관은 미생물의 천국

우리 몸에 사는 미생물의 세포 수가 인간이 가진 세포의 수보다 많다. 여기에 가장 큰 역할을 하는 미생물이 바로 장내 미생물이다. 유산균, 프로바이오틱스 등 다양한 용어로 장내 미생물(유산균이라는 표현이 더 자주 쓰인다)에 대한 광고가 넘쳐난다. 면역력을 높이기 위해서는 장내 미생물을 좋은 방향으로 관리해야 한다는 건강 관련 내용도 어렵지 않게 접할 수 있다. 이런 이야기는 다 맞는 말이다. 우리 몸에서 가장 많은 미생물이 살아가는 부위가 장이다. 미생물은 장에 상주하면서 우리가 먹는 음식을 함께 소화시키는 역할을 한다.

독립적인 삶을 꿈꾸는 미생물은 피곤하다

사실 미생물이 자연환경에서 독립적으로 살아가려면 스스로 모든 조건을 만들어나가야 한다. 수많은 위험과 시련을 견뎌야 하고, 끊임없이 일해서 생장을 위한 에너지를 얻어내야만 한다. 특히 물과 영양분이라는 필수 요소를 얻기 위해 각각의 미생물은 저마다 일을 한다. 바다에 살면서 광합성을 하는 경우가 가장 쉬운 일에 속한다. (그 밖에도 다양한 환경에서 살아가기 위한 노력은 앞에서 다뤘다.) 그런데 이런 노력을 가장 적게 하면서도 안락하고 안전한 생활을 하는 방법이 있다. 바로 다세포 생물의 소화 기관에 자리를 잡는 것이다.

다세포 동물은 지속적으로 수분과 영양분을 섭취한다. 소화 기관에 영양분이 꾸준히 공급되는 것은 당연하다. 여기에 일정한 온도를 유지하고, 일정한 삼투압을 제공한다. 미생물 입장에서는 소화 기관이라는 환경에 적응만 하면 이보다 좋은 안식처가 없다. 그래서 많은 미생물이 동물의 종류에 따라 각기 다른 소화 기관에 적응하며 진화했다. 그러나 좋은 집도 문제가 생기고 낡아가는 것처럼, 동물의 소화 기관에도 몇 가지 위험 요소가 있다. 일단 경쟁이 심하다. 좋은 안식처이니 모든 미생물

미생물계 최고의 호텔, 소화 기관

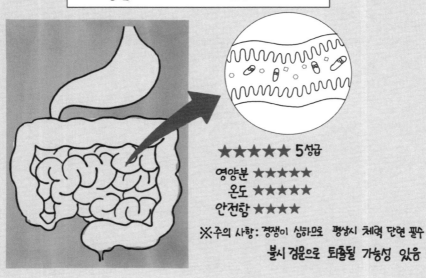

★★★★★ 5성급

영양분 ★★★★★
온도 ★★★★★
안전함 ★★★★

※주의 사항: 경쟁이 심하므로 평상시 체력 단련 필수

불시 검문으로 퇴출될 가능성 있음

이 탐내는 것은 당연하다. 따라서 이곳을 차지하게 위해 미생물 간의 치열한 경쟁에서 이겨야 한다. 다른 하나는 숙주의 면역 기작을 피해야 한다는 점이다. 숙주가 미생물을 공격하지 않도록 함께 살 수 있는 방법을 찾아내야 한다. 이런 과정을 거쳐 소화 기관에 적응한 미생물은 안락한 생활을 누린다. 지금 인간의 소화 기관, 특히 장에 서식하는 미생물이 바로 이렇게 살아남은 존재들이다.

미생물은 우리 몸의 불법 거주자일까?

다세포 동물의 소화 기관에 자리 잡은 미생물은 어떤 삶을 살아갈까? 어떤 활동을 하고, 어떤 역할을 할까? 그저 우리의 영양분을 나눠 먹으며 우리 몸에 기생하는 존재일 뿐일까?

이런 질문에 답을 찾기 위해 내가 진행했던 것이 우리나라 흰개미의 장내 미생물 연구다. 흰개미는 주로 나무에 있는 셀룰로스Cellulose(고등 식물 세포벽의 주성분으로 섬유소라고도 한다)로 영양분을 섭취한다. 여기서 흰개미의 소화 기관에 존재하는 미생물의 역할이 생긴다. 흰개미가 섭취한 셀룰로스를 분해해 영양분을 흡수할 수 있는 형태로 만들어

주는 것이 미생물이다. 미생물이 자신의 역할을 수행하지 못하면 흰개미는 살 수 없다. 이뿐 아니다. 일반적으로 흰개미는 따뜻한 곳에 사는 것으로 알려져 있으나 서울의 경우 북한산에서도 흰개미가 서식하는 것으로 밝혀졌다.[17] 북한산은 당연히 겨울에 영하까지 온도가 떨어지는 곳이다. 이렇게 낮은 온도의 환경에서 흰개미는 어떻게 살 수 있을까? 특히 장내 미생물이 없으면 죽기 때문에 낮은 온도에서 장내 미생물 또한 건강하게 활동할 수 있어야 한다.

이를 알아보기 위해서 흰개미의 장내 미생물을 분리해 온도에 따른 셀룰로스 분해 정도를 관찰해보았다. 그러자 특정 온도에서만 셀룰로스를 분해해 영양분을 만드는 미생물의 활동을 발견했다. 결론적으로 특정 미생물이 저온에서도 흰개미가 살아갈 수 있게 도움을 주는 것이다. 흰개미의 장내 미생물은 모두 각기 다른 온도에서 활동하도록 진화하면서 숙주인 흰개미의 생장을 돕는 것으로 추정 가능하다. 이 연구를 통해 우리는 동물의 소화 기관 내 미생물이 생물의 식이와 주어진 생활 환경에 따라 각기 다른 형태의 진화를 이뤄 숙주와 함께 살아가는 공생 관계에 있음을 확인할 수 있다.[18]

모든 소화 기관은 공생 미생물을 갖고 있다

무균 돼지처럼 인간이 의도적으로 균을 없애고 만들어낸 생명체를 제외하면 미생물이 존재하지 않는 소화 기관을 가진 생명체는 없다. 이는 미생물과 함께 생활하는 것이 생명체의 생명 유지에 도움을 주기 때문일 것이다. 물론 사람의 경우 강한 산성을 띠는 위의 살균 작용을 통해 외부 균의 몸속 침입을 막고 있다. 위를 통과하면서 대부분의 단백질은 분해되고, 미생물은 사멸한다. 분명 건강한 삶을 위해 필요한 활동이다. 다만 같은 이유로 우리 몸과 공생 관계를 이루고 있는 유익균, 즉 프로바이오틱스의 생존에 부정적 영향을 끼치기도 한다. 그럼에도 강산성의 위를 통과해 기어코 장에 도달하는 미생물은 분명 존재한다.

균은 우리 몸에 좋은 영향과 나쁜 영향을 모두 미친다. 또한 우리가 살아가는 환경은 존재조차 알 수 없을 만큼 다양한 균으로 가득하다. 그렇기에 무균 상태의 몸을 만드는 것만이 답은 아니다. 무균 상태를 위해 극단적 조치(강산성, 강력한 삼투압, 특정 영양 성분 결핍 등)를 한다면 미생물을 이기는 동시에 우리 몸도 상처를 입을 것이다. 항생제를 사용하는 것도 부작용이 있다. 그래서 무균 상태의 소화 기관보다 유익한 균, 내 몸에 도움을 주는 균의 생존을 높이는 방향으로 관리할 필요가 있다. 공생 미생물을 찾아 흰개미처럼 서로의 생존에 도움을 주는 관계를 만드는 것이 건강한 몸을 유지하는 데 훨씬 효과적이다.

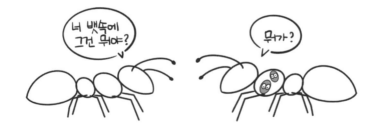

02 우리는 장내 미생물과 음식물을 가지고 경쟁하나?

미생물과의 공생이 우리 몸에 도움이 된다는 사실은 여러 방향에서 증명이 이뤄지고 있다. 가장 큰 도움은 '소화'다. 우리가 음식물을 섭취하면 효소와 위산에 의한 분해가 진행된다. 그러나 모든 영양분이 이 과정에서 분해되는 것은 아니다. 이때 분해되지 못한 영양분 대다수는 장내 미생물에 의해 분해가 이뤄진다. 대표적 영양분이 우유에 포함되어 있는 젖당이다.

어렸을 때 모유 분해를 위해 분비되던 젖당 분해 효소는 어른으로 성장하면 더 이상 생성되지 않는다. 이와 함께 젖당에 대한 내성도 사라진다. 이때 장내 미생물의 도움을 받으면 이런 상황을 극복할 수 있다. 이 과정을 거쳐 제품을 만들기도 하는데, 바로 요구르트다. 우유를 프로바이오틱스(유산균)에 의해 발효시킨 요구르트는 젖당이 분해되어 있어 젖당 내성이 사라진 사람도 무난하게 먹을 수 있는 것이다. 이 밖에도 장내 미생물은 우리 몸이 스스로 분해하지 못하는 유기물의 분해를 적극 돕는다.

음식과 장내 미생물, 우리 몸의 연결 고리

일반적으로 음식은 크게 3가지로 구분할 수 있다. 첫 번째 우리 소화 기관과 장내 미생물이 모두 분해해 이용할 수 있는 음식이다. 두 번째는 장내 미생물만 분해 및 이용 가능한 음식이고, 마지막은 소화 기관과 장내 미생물 모두 분해하기 어려운 음식이다. 첫 번째 분류에 포함된 음식들의 경우 당연하게도 경쟁적 섭취가 이뤄진다. 이때 공생 미생물이 음식을 먼저 섭취한다고 해도 우리에게 도움이 되는 것은 동일하다. 미생물에 의해 생산된 영양분의 영양적 도움, 면역력 강화, 장의 선점을 통한 병원성 미생물의 소화 기관 정착 억제 등의 긍정적 효과를 얻는다. 다만 병원성 미생물 역시 이런 음식을 통해 영양분을 얻는다.

공생 미생물만 이용할 수 있는 음식을 프리바이오틱스Prebiotics라고 부른다.[19] 프리바이오틱스는 장내 미생물의 생장을 선별적으로 촉진하는 물질로, 음식처럼 섭취해 장까지 이동한 후 우리 몸에 이로운 균의 생장을 돕는다. 우리 장에 사는 공생 미생물만 이용할 수 있기 때문에 장내 균총을 개선해 건강한 몸을 만드는 데 큰 역할을 한다. 프로바이오틱스와 비교했을 때에도 장점이 많다. 살아 있는 균이 아니므로 제품의 생산과 보관에 용이하다. 소화 기관을 통과해 장까지 도달하기 쉬우며, 미생물을 직접 이용하는 것도 아니어서 새로운 균의 투입이 개개인에게 어떤 영향을 미치는지 개별적 관리를 해야 하는 부담도 덜 수 있다.

그러나 프리바이오틱스도 해결해야 할 문제점을 가지고 있다. 그 중 대표적인 것이 얼마나 섭취해야 효과가 있느냐와 관련한 문제다. 실질적으로 프리바이오틱스는 일반 음식과 비교하면 아주 소량의 섭취가 이뤄지기 때문에 공생 미생물의 생장을 폭발적으로 늘리기는 어렵다. 일부에서는 장내 면역력 강화를 위해 일반적인 음식을 줄이고 프리

① 소화 기관과 미생물 모두 분해 가능
   = 경쟁적 섭취

② 미생물만 분해 가능
   = 프리바이오틱스

③ 소화 기관과 미생물
   모두 분해 불가

✳ 영양소 분해, 면역력 증가에
   큰 도움을 줌

바이오틱스만 따로 섭취하기도 하는데, 이는 좋지 못하다. 균형 잡힌 영양 섭취가 어려울 뿐 아니라 설사 등의 부작용을 유발하는 경우도 있기 때문이다. 오히려 프리바이오틱스는 조금씩 오랜 기간 섭취하는 것이 장내 균총 개선에 훨씬 효과적이다.

마지막으로 모두 이용할 수 없는 불용 음식은 섭취 후 변으로 배설된다. 분해되지 않으므로 형태를 유지하고 있으며, 장을 통과하는 과정에서 소화 기관에 쌓인 많은 물질을 씻어낸다. 또한 장내 미생물을 강제 제거하는 역할도 한다. 장 표면에 붙어 있는 미생물을 제거해 새로운 미생물이 자랄 수 있는 공간을 제공하는 것이다. 자연스럽게 장내 미생물의 순환이 활발해진다.

건강을 위한 음식 섭취 방법

앞서 설명한 것처럼 우리 몸과 미생물은 공통 음식을 통해 함께 영양분을 섭취한다. 그럼 이렇게 섭취한 영양분을 통해 미생물은 어떤 생장 활동을 할까? 이는 미생물마다 각기 다르다. 어떤 미생물이 영양분을 잘 흡수하는지에 따라 우리 장의 미생물 구성도 변화한다. 변화한 미생물 구성이 건강에 영향을 미치는 것은 당연하다. 따라서 미생물의 생장 관점에서 보면 일정한 성분을 가진 음식을 지속적으로 섭취했을 때 그에 적응해 영양 성분의 흡수 효율을 높일 수 있고, 우리 몸의 공생 미생물이 긍정적 역할을 계속해서 수행할 수 있다. 반대로 음식 성분에 큰 변화가 있으면 장내 미생물의 구성에 변화가 일어남으로써 그동안 우리 몸이 얻었던 장내 미생물의 이익이 사라진다.

따라서 장내 유익한 균이 활발하게 생장하는 데 좋은 식사 방법은 끼니때마다 완전히 다른 음식을 먹기보다는 다양한 종류의 음식을 골고루 먹는 것이 바람직하다고 할 수 있다. 이런 의미에서 다양한 밑반찬을 곁들이는 우리나라의 식습관은 장내 미생물한테 유리한 음식 문화라고 생각된다.

장시간 공복 상태를 유지하다가 음식 섭취를 하는 경우에도 장내 미생물은 급격한 변화를 피할 수 없다. 새롭게 많아진 음식 환경에 적응하는 시간도 필요해 결국 장내 미생물의 영양분 이용 기회가 줄어든다. 유익한 장내 미생물에게 불리한 상황임은 당연하다. 또한 미생물의 구성이 변화하는 시기는 병원성 미생물의 장내 생장 가능성을 높일 수 있는 기회다. 일반적으로 건강을 위해 일정한 시간마다 다양한 영양분을 섭취해야 하는 이유가 여기에 있다. 따라서 다이어트를 할 때도 평상시와 같은 음식 섭취 상황을 유지하면서 절대적인 음식의 양을 줄여나가는 것이 중요하다.

03 비만 억제와 질병 예방

장에 미생물이 없는 사람은 없다. 그리고 장의 미생물 구성이 완벽하게 같은 경우도 없다. 개개인은 자기만의 미생물 구성을 가진다. 이때 장내 미생물이 어떻게 구성되어 있는지에 따라 개인의 건강은 여러 차이를 보인다. 그중 최근 가장 관심이 집중되는 것은 비만과의 연관성이다.

장내 미생물은 같은 음식을 가지고 우리 소화 기관과 경쟁한다. 그 과정에서 우리는 일부 영양분을 미생물에게 빼앗기고, 이것이 비만을 억제하는 역할을 할 수도 있다. 그런데 조금 다르게 생각하면 경쟁에서 빼앗긴 영양분은 단쇄지방산을 포함한 다른 영양 성분으로 전환되어 우리가 빠르게 흡수할 수 있다. 미생물에 의해 흡수된 영양 성분 역시 결국에는 우리 몸에 흡수된다는 뜻이다. 따라서 미생물과의 음식 경쟁을 통한 체중 감소 효과는 유의미하지 않다고 생각한다. 또한 우리 몸 역시 장내 미생물에게 영양분을 빼앗겨 영양 흡수에서 손해를 보도록 진화하지도 않았을 것이다.

미생물이 대사를 지배한다

그럼 미생물은 체중 조절과 관계가 없을까. 그렇지는 않다. 우리 몸의 영양분 흡수 효율과 관련된 장내 미생물의 영양 성분 전환을 살펴봐야 한다. 영양 성분은 화합물의 형태에 따라 흡수 정도가 변한다. 장내 미생물에 의해 섭취된 영양 성분은 흡수하기 어렵거나 쉬운 상태로 전환될 수 있다. 다른 가정은 미생물이 직접 흡수에 관여한다는 것이다. 점액성 성분을 분비하는 경우가 이에 해당하는데, 장내 미생물에 의해 pH 농도가 변화하면서 점액성 물질의 변성을 유발한다. 이렇게 되면 소화 기관의 투과성이 떨어져 영양분 흡수를 저해한다.

최근에 새롭게 밝혀지고 있는, 장내 미생물과 비만의 관련성을 설명하는 가설은 단쇄지방산의 역할이다. 단쇄지방산은 우리 몸이 에너지원 중 단백질을 태울 때 생긴다. 우리 몸이 단백질을 태우는 것은 모든 영양분을 에너지로 사용한 후 가장 마지막에 일어나는 일이다. 그 때문에 뇌는 단쇄지방산을 감지하면, 우리 몸 전체적으로 지방이나 탄수화물을 빨리 에너지로 사용해야 한다는 신호를 보낸다. 몸에 쌓아두고 비축하는 게 아니라 바로 에너지원으로 써야 한다는 신호를 받으면, 우리 몸은 섭취한 음식물의 영양소를 빠르게 사용한다. 쌓아두지 않고 소비함으로써 우리 몸은 에너지 축적을 막을 수 있다.

실제로 단백질을 태운 게 아님에도 미생물이 생산한 단쇄지방산이 지방 축적을 방해하고, 에너지 소비를 자극하는 신호 물질 역할을 하는 것이다. 다이어트를 하면 장내에 의간균류Bacteroidetes가 많이 분포하는 것은 이와 관련이 있다. 이 유익균이 바로 단쇄지방산을 만드는 미생물인데, 비만인 사람에게는 수가 급격히 줄고 식이 조절을 하면 늘어난다는 연구 결과가 발표되었다.

질병 예방을 위한 미생물 활동

장내 미생물 구성이 당뇨병에도 큰 영향을 주는 것으로 알려져 있다. 장내 미생물은 영양 성분을 섭취한 후 지방 대사에 영향을 주는 낙산염Butyrate, 아세트산염Acetate, 프로피오네이트Propionate 같은 단쇄지방산을 생성한다. 이들은 미트콘드리아 기능에 영향을 미쳐 인슐린에 대한 반응성을 개선하는 역할도 한다. 이를 통해 비만을 개선하는 효과도 있다. 우리 몸과 장내 미생물이 오랜 시간 공생 관계를 유지하면서 진화한 결과로 보다 효율적인 상호 작용 방법을 확보한 것이다.

장내 미생물은 혈액 내 콜레스테롤과 혈압을 낮춰주기도 한다. 당뇨에 영향을 미치는 것과 비슷한 방식의 대사를 통해 얻는 효과일 것이다. 장내 미생물은 대장암 발생 억제에도 영향을 미친다. 대장균이 분비하는 독소 콜리박틴Colibactin은 알킬화Alkylation라는 화학적 변화를 통해 DNA를 변형한다. 이는 대장암을 유발하는데, 정상적인 장내 미생물이 콜리박틴을 생성하는 대장균의 비율을 감소시킨다. 이 밖에도 우리 몸에 유익하지 않은 균들의 생장을 억제하기 위해 장내 공생 미생물들이 과산화수소, 산(젖산), 박테리오신Bacteriocin, 바이오계면활성제Biosurfactant

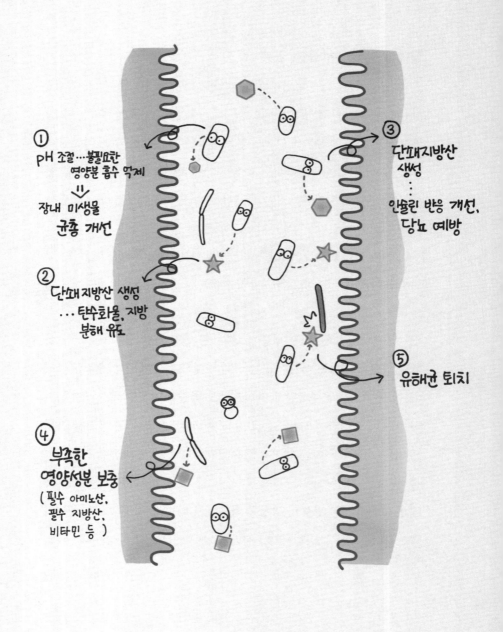

① pH 조절…불필요한
영양분 흡수 억제
$=$
장내 미생물
균총 개선

② 단쇄 지방산 생성
…탄수화물, 지방
분해 유도

③ 단쇄지방산
생성
⋮
인슐린 반응 개선,
당뇨 예방

⑤ 유해균 퇴치

④ 부족한
영양성분 보충
(필수 아미노산,
필수 지방산,
비타민 등)

등을 생성한다. 소소하게는 부족한 영양 성분의 흡수에도 도움을 준다. 미생물은 유기 물질에서 필요한 영양 성분을 직접 합성할 수 있다. 그 때문에 필수아미노산, 필수지방산, 비타민 등 반드시 공급받아야만 하는 영양물질을 따로 필요로 하지 않는다. 장내 미생물도 비슷하다. 우리가 섭취하는 영양물질이 무엇이든 이를 이용해 스스로 생장에 필요한 성분을 만든다. 이렇게 만들어진 성분은 우리 몸에도 필요한 것들이다. 양이 충분하지 않아 별도의 섭취가 필요하지만, 조금이라도 긍정적 영향을 미치는 것은 사실이다.

모든 관계에는 오랜 시간의 노력이 필요하다

미생물의 또 다른 역할인 선점에 대해서도 설명이 필요하다. 이롭지는 않지만 해를 입히지도 않는 장내 미생물은 우리 장에 병원성 미생물이 서식하는 것을 억제한다. 다른 형태의 도움이다. 우리의 소화 기관처럼 연속적으로 영양 성분이 들어오고 미생물이 배출되는 것을 연속식 배양 시스템이라고 한다. 이런 시스템에서는 들어오는 영양분에 따라 배출하는 미생물을 조절하면서, 점차 둘의 균형이 이뤄진다. 그러므로 우리 신체의 조절 능력에 따라 시간의 차이는 있겠지만, 궁극적으로 미생물 구성은 우리 몸에 유리하도록 바뀐다.

여기에서 변수는 우리가 섭취하는 음식이다. 우리는 생각보다 다양한 음식을 섭취하고, 매번 그 양도 변한다. 이에 따라 미생물도 지속적으로 변화한다. 이렇게 빈번한 변화가 우리 건강에 부정적 영향을 줄 때도 있다. 그렇다고 매번 같은 음식만 먹는 것도 불가능하다. 그럼 건강도 챙기면서 다양한 음식을 즐기기 위해서는 어떤 방법이 있을까. 음식의 종류보다 미생물 생장에 영향을 미치는 영양 성분의 변화를 줄이는 데 집중하기를 권한다. 탄수화물의 경우 이당류인 설탕과 전분의 차이, 같은 전분도 백미와 현미의 차이 같은 것이 중요하다. 쉽게 이용할 수 있는 영양 성분은 우리 몸에 단기간에 많은 양의 일처리를 요구해 부담감을 준다. 더불어 이롭지 않은 미생물의 생장을 촉진한다. 이들의 수가 늘어나 유익한 미생물의 자리를 차지하면 우리 건강에 악영향을 주는 것은 당연하다. 또한 한 번 악화한 장내 미생물 환경을 다시 건강하게 만들려면 오랜 시간이 필요하다. 따라서 이런 상황을 조심하려는 노력이 필요하다.

04 장내 미생물 관리법

미생물과 관련한 실험을 할 때 발효조를 만든다. 실험실의 발효조는 우리 몸의 소화 기관과 비슷한 조건을 가진다. 따라서 실험실 발효조에서 미생물을 키우는 실험을 통해 우리 장에 사는 미생물을 건강에 이로운 방향으로 변화시키는 방법을 알아볼 수 있다.

발효조에서 미생물을 배양할 때 가장 먼저 고려하는 것은 미생물에게 영양을 공급하는 영양원의 종류다.

우리는 음식을 통해 탄수화물, 지방, 단백질을 비롯한 영양 성분을 섭취한다. 이들은 우리 몸에서 분해 과정을 거친 후 영양원으로 흡수된다. 미생물도 같은 과정에 참여해 생장을 위한 영양분을 흡수한다. 여기서는 탄수화물, 단백질, 지방이 미생물과 장내 환경에 미치는 영향에 대해 알아보자.

탄수화물, 단백질, 지방이 미치는 영향

탄수화물은 탄소 영양원이다. 탄소 영양원은 미생물의 생장 속도를 결정한다. 탄수화물에 따라 미생물의 종류가 변하는 것도 이런 이유 때문이다. 우리가 섭취하는 탄수화물의 대표 주자는 밀가루다. 밀가루는 입자가 연약해서 쉽게 부서진다. 연약한 전분은 소화 과정에서 분해되기 쉽고, 포도당으로 변환하는 속도도 빠르기 때문에 밀가루 섭취를 늘리면 순간적으로 많은 양의 포도당이 몸에 공급된다. 단순한 당을 많이 섭취하면 빠른 장내 미생물 균총의 변화와 대사 장애를 초래한다.[20, 21] 체내에 당도가 순간적으로 높아지면 유익균이 우선적으로 양분을 흡수한다고 해도 남는 영양물질이 생긴다. 이 말은 병원성 미생물도 거의 동시에 영양분을 흡수할 수 있어, 병원성 미생물의 생장에 도움을 주게 된다는 의미다. 이와 반대로 쌀은 구조가 단단하다. 덕분에 분해가 천천히 진행되면서 포도당의 제공도 보다 느리게 이뤄진다. 다수의 유익균이 영양분을 섭취하면서 우선적으로 생장을 진행할 시간적 여유가 주어진다는 의미다. 그만큼 장에서 병원성 미생물이 차지할 자리가 부족해진다. 섭취하는 탄수화물의 종류가 중요한 이유다.

두 번째 영양분은 질소 영양원의 공급원인 단백질과 관련이 있다. 단백질은 식물성과 동물성으로 나뉘는데, 식물성 단백질이 장내 미생물 환경에 좋은 영향을 미친다고 알려져 있다.[22, 23] 두부나 콩과 식품이 건강 음식인 이유는 식물성 단백질을 많이 함유하고 있기 때문이다. 그렇다고 동물성 단백질을 완전히 차단하는 것은 필수아미노산의 섭취를 불가능하게 만들 수 있어 좋지 못하다.

장내 미생물의 구성을 가장 크게 변화시키는 영양분은 지방이다. 섭취 양에 따른 미생물의 변화가 가장 분명하게 나타나며, 포화지방산과 불포화지방산의 영향이 완전히 반대 성향을 띤다.[24] 따라서 장내 미생물의 건강을 고려한다면 지방 섭취량을 전체적으로 줄이고, 섭취 시에는 불포화지방산 형태로 하는 것이 좋다.

따뜻한 배가 장 건강을 책임진다

발효조에서 미생물을 배양하는 실험의 두 번째 조건은 온도다. 체온의 변화에 따른 장내 미생물 균총의 변화에 대한 연구는 많이 이뤄지지 않았다.[25] 그러나 미생물에게 적절한 온도는 중요한 생장 조건이다. 특히 우리 몸에서 살고 있는 미생물의 경우 체온에 이미 익숙해진 상태이므로, 적정 체온을 유지하는 것이 가장 좋다. 이는 장과 관련한 질병이 발생했을 때를 생각하면 바로 이해할 수 있다.

배탈이 나면 배가 차가워지는 걸 느꼈을 것이다. 혈액 순환이 원활하지 않아서 이런 현상이 일어난다고 설명할 수 있다. 배탈을 일으키는 병원균은 혈액을 통한 면역 체계를 약화시키기 위해 독소를 생산하는 등 다양한 방법으로 소화 기관의 혈액 순환을 방해한다. 이는 외부에서 침투한 병원성 미생물이 좋아하는 온도가 우리의 체온보다 낮기 때문에, 장의 온도를 낮추려는 시도로 볼 수 있다. 이때 장을 따뜻하게 해주면 어떤 변화가 생길까? 혈액 순환이 일어나면서 면역력이 제 역할을 할 수 있다. 병원성 미생물의 생장은 약화하고, 유익균의 생장이 활발하게 이뤄져 장내 미생물의 구성도 당연히 달라진다. 배가 따뜻해야 건강하다는 말이 괜히 나온 얘기가 아닌 셈이다.

수분의 양과 미생물의 생존

마지막 조건은 수분이다. 사람의 몸은 스스로의 조절을 통해 일정한 수분 양을 유지한다. 이는 장내 수분의 양도 일정하게 유지한다는 의미다. 이렇게 수분의 양이 일정하면 소화 기관이 효율적으로 음식물을 분해 및 흡수할 수 있다. 그러나 좀 더 자세히 살펴보면 생리 변화를 가져오는 것은 물의 절대적인 양보다 세포가 이용할 수 있는 물의 양과 관련이 있다. 세포가 이용할 수 있는 물을 자유수라고 한다. 다른 물질과 연결되어 있지 않고 순수한 물 분자만으로 이뤄진 물이다. 이 지점에서 소금이 주요 쟁점이 된다.

우리 몸속 물의 염분이 높아지면 세포가 활용할 수 있는 자유수의 양은 줄어든다. 그래서 물의 섭취만큼 소금의 섭취가 중요하다. 짠 음식을 먹으면 갈증을 느끼는 이유도 몸속에 이용할 수 있는 물의 양이 줄기 때문이다. 수분의 감소는 정상적인 장내 미생물의 생장 속도를 급격히 떨어뜨린다. 우리 몸속에 사는 미생물은 수분이 부족한 상황을 경험한 적이 없다. 생존을 위해서라도 일정량의 수분을 체내에 보유해야 하기 때문에 인간은 여러 방식으로 수분 유지를 위해 노력한다. 인간과 늘 함께해온 미생물에게는 겪어본 적 없는 위협적 환경인 셈이다. 반대로 외부 미생물은 건조된 환경에서도 쉽게 성장할 수 있다. 자연에서는 어떠한 환경도 경험하기 때문에 수분 부족도 새롭거나 낯선 상황이 아니다.

장내 미생물보다 병원성 미생물에게 익숙한 환경이 되면 둘의 생장 정도가 달라진다. 외부 침입 세균의 증식을 도울 수 있게 되는 것이다. 장내 소금의 농도가 증가하면서 겪게 되는 초기 증상은 아마도 설사일 것이다. 이는 우리 몸에 좋은 유익균보다 병원성 미생물의 생장이 늘어날 수 있는 기회이기도 하다. 또한 설사는 장내 미생물의 대량 유실이라는 결과로 이어진다.

이처럼 유익한 장내 미생물은 수분이 적당한 상태의 장에서 적응하고 생장하도록 진화했기 때문에 반대의 상황, 즉 우리가 짠 음식을 지속적으로 섭취하게 되면 당연히 변화를 겪을 수밖에 없다. 이에 대해 일부에서는 과량의 소금이 포함된 발효 음식에서 부패균이 자라지 않고 유익균만 많아지는 것을 의아하게 여길 수 있다. 이는 장과 젓갈이 발효되는 환경적 차이 때문이다. 우리 몸은 젓갈을 담글 때 사용하는 정도의 소금을 섭취하는 경우가 극히 드물다. 따라서 좋아하는 환경, 익숙한 환경의 유지와 반대되는 상황이 발생한다. 이는 장내 미생물의 구성이 바뀌는 이유가 된다. 또한 젓갈의 발효를 돕는 유익균이 우리 장에 사는 유익균과 동일하지 않다는 것도 고려해야 한다. 이처럼 겪어보지 못한 상황을 만나면 미생물은 변화를 시도하고, 그 과정에서 우리 몸도 상태 변화를 경험한다. 물론 새롭게 나타난 미생물도 우리 건강에 긍정적 영향을 줄 수 있다. 그러나 아직까지 이와 관련한 연구는 미흡하다.

앞서 설명한 3가지 조건 외에 미생물 생장에 영향을 미치는 조절인자 중 하나가 산성도다. 그러나 우리 위의 강한 산성을 통과하고, 십이지장을 지나면서 중화의 과정을 거치기 때문에 장에 도달했을 때 강한 산성 환경을 만드는 음식을 찾기는 어렵다. 그래서 음식 섭취로 장내 산성도가 변화하는 것은 불가능에 가깝다. 우리 몸속 산소의 농도도 같은 이치다. 우리가 장내 산소 농도를 인위적으로 조절하지 못하기 때문에 몸속 미생물이 산소 농도에 영향받을 일은 거의 없다. 다만 혈액 순환에 따

라 일부 차이가 생길 수 있다. 따라서 장내 미생물을 건강하게 유지하려면 혈액 순환을 왕성하게 만들어야 한다. 앞서 설명한 병원성 미생물 생장 억제 효과와 더불어 산소와 영양분의 원활한 공급도 혈액 순환과 크게 연관되어 있기 때문이다.

장내 미생물의 건강 관리

여기까지 읽은 이들은 모두 느꼈겠지만, 장내 미생물을 건강하게 만드는 방법은 건강한 생활을 위한 권장 행동과 대부분 일치한다. 사실 매우 당연한 결과다. 건강한 습관이 우리 몸을 건강하게 만든다. 몸이 건강하면 장내 미생물 또한 건강하다. 그럼에도 몸의 건강과 미생물의 건강 사이에는 작은 차이가 존재한다. 미생물은 앞서 설명한 몇 가지 조건 중 하나라도 어긋나면 건강한 상태를 잃는다. 따라서 현미 식단을 유지하거나 두부 섭취를 늘리는 등의 노력도 필요하지만, 스스로의 생활 습관 점검을 우선해야 한다.

　장내 미생물 환경에 도움이 되는 습관을 들이는 것보다 해가 될 만한 습관을 제거해나가는 것이 중요하다. 부정적 영향을 미치는 습관을 그대로 둔 채 다른 좋은 습관을 들인다고 해도 장내 미생물 환경은 나아지지 않는다. 나쁜 것을 없애고 좋은 것으로 대체하는 과정이 함께 이뤄져야만 한다. 충분한 시간적 여유를 가지고 변화를 만들어가겠다는 마음가짐도 필요하다. 미생물의 생장 속도만을 놓고 볼 때, 장내 환경은 하루면 충분히 개선될 수 있다. 그러나 현실에서 이런 드라마틱한 효과가 나타나지 않는 것은 개선만큼이나 악화도 쉽고 빠르게 일어나기 때문이다. 또한 개선된 균총의 영향으로 우리 몸이 실제 건강해지고 그 변화를 우리가 느끼려면 좋은 장내 환경을 일정 시간 이상 유지하는 과정이 반드시 필요하다.

05 내 몸의 보호자

미생물에는 좋은 미생물과 나쁜 미생물이 있다. 지금까지 유익균, 공생 미생물, 병원성 미생물 등으로 좋은 미생물과 나쁜 미생물에 관해 여러 가지를 설명했다. 그러면 또 한 가지 궁금증이 생길 수 있다. 그래서 좋은 미생물이라는 게 도대체 뭐지?

좋은 미생물이라는 평가를 얻기 위해서는 몇 가지 갖춰야 할 조건이 있다. 하나는 우리 몸에 피해를 주지 않아야 한다. 이를 위해 면역 체계에 과민 반응을 유도하는 물질을 포함해 독소를 생성하지 말아야 한

우린 좋은 애들은 아니야.
그래도 나쁜 애들보단 낫잖아?

무야,
자리가 없네...

↑
갈 곳 잃은 유해균

다. 우리 몸에 침입할 능력이 없어야 하고, 우연히 몸속에 들어오더라도 면역 체계에 의해 쉽게 제거되어야 한다. 다른 미생물에 자극을 주어 간접적으로라도 우리 몸에 나쁜 영향을 미치지 않아야 한다. 이 정도 조건을 갖췄다면 나쁜 미생물은 아니다. 여기에 우리 몸에 좋은 효과를 주는 것까지 더해지면 그때 좋은 미생물이라는 호칭을 얻을 수 있다.

물론 '나쁘지 않은 것만도 대단하지. 나쁘지만 않으면 다 좋은 미생물이야'라고 생각할 수 있다. 이 말도 완전히 틀린 것은 아니다. 그 이유는 미생물 자체로도 우리 몸을 위해 하는 활동이 있기 때문이다. 이런 활동은 긍정적 효과를 주지는 않지만 크게 보면 우리 몸 건강에 도움이 된다. 우선 면역 체계를 훈련시키는 역할을 한다. 미생물이 우리 몸에 상주하면 여러 상황이 발생하면서 다양한 방법으로 면역 체계와 만나는 순간이 생긴다. 이때 면역 체계는 미생물이라는 존재에 대응하는 법을 배운다. 현대인들에게 이는 굉장히 중요하다. 너무 깨끗한 생활 환경으로의 급격한 변화와 함께 생소하거나 다양하게 변형된 면역 질환에 노출될 확률이 높아졌기 때문이다. 이때 비록 100% 치료 가능한 면역 체계를 갖추지 못했다고 할지라도 우리 몸이 대응법을 알고 있으면 질병을 방어할 수 있다.

두 번째 역할은 선점과 관련한 것이다. 미생물이 몸속에서 위치를 선점해 병원성 미생물의 정착을 방해한다. 때로는 항생제 역할을 하는 물질을 생산하기도 하며, 우리 몸의 면역 체계와 연합해 병원성 균을 억제한다. 세 번째는 기관 특이적 도움을 받을 수 있다. 장내 미생물은 우리 몸에 필요한 필수 영양소를 생산 및 공급하는 역할을 한다.

이런 이유들이 별거 아니라고 생각할 수도 있다. 그러나 나를 지켜주는 아군이 있는 것과 없는 것으로 바꿔보면 생각이 달라질 것이다. 우리 몸을 노리는 외부 세력은 날로 다양해지고, 강력한 무기를 장착한다. 우리의 면역 체계가 겪어보지 못한 적들이 그만큼 늘어나는 것이다. 이때 작은 도움일지라도 내 편을 들어주는 존재가 있다는 것은 엄청난 차이를 가져온다. 특히 미생물의 경우는 생명이 시작된 순간부터(어쩌면 태초의 생명체가 곧 미생물이었을 수도 있다) 지금까지 상상할 수 없는 시간을 생존해왔다. 그들이 가지고 있는 힘 중에 밝혀진 것은 빙산의 일각에 불과하다. 따라서 내 편이 되어줄 미생물과 좋은 관계를 맺어야만 한다. 우리는 하나의 몸을 나눠서 함께 살아가는 동거인이니 말이다.

06 슈퍼박테리아와 치료법

인류의 역사를 살펴보면 극적인 몇 가지 사건(균과 관련된 기준으로 봤을 때)이 있는데, 그중 가장 놀랄 만한 것을 꼽으라면 단연 페니실린의 발견이다. 곰팡이에서 페니실린을 발견했을 때, 인류는 세균에 대항할 강력한 무기를 가졌다고 확신했다. 실제로 페니실린으로 대표되는 항생제를 사용하면서 세균 감염성 질병 치료가 발전한 것도 사실이다. 그러나 모든 것에는 좋은 점과 나쁜 점이 함께 작용한다. 항생제 사용이 늘어나면서 항생제에 내성을 가진 균이 등장했다. 특히 항생제의 거점이라고 할 수 있는 병원에서 내성균의 출현은 심각한 문제로 대두하고 있다.

항생제는 치료 목적으로만 사용해야 한다. 그 외의 사용을 억제해야 하는 이유는 자연이 이미 답을 주고 있다. 자연계에는 다양한 항생제가 존재한다. (페니실린도 곰팡이가 원래 가지고 있던 항생제를 인간이 찾아낸 것이다.) 따라서 인간 외에도 많은 생명체가 항생제를 이용해 세균을 죽일 수 있다는 사실을 알고 있다. 그럼에도 불구하고 세균과 적극적으로 싸우기 위해서 인간처럼 강력한 항생제를 광범위하게 사용하도록 진화하지 않았다. 이는 광범위한 항생제의 남용이 내성균의 출현을 불러오고, 결국 항생제의 기능 상실을 초래해 반드시 필요할 때 사용할 수 없는 상황이 올 수도 있음을 알기 때문이라고 생각한다. 또한 모든 세균을 제거하는 것은 항생제를 생산하는 생명체를 포함해 생태계 전체에 해롭기 때문일 것이다.

막강한 힘을 가진 슈퍼박테리아

항생제 내성 균주에 의한 감염성 질환이 일어날 경우 선택할 수 있는 방법은 다른 항생제를 이용하는 것이다. 그러나 어떤 항생제도 내성을 가진 균주의 출현 자체를 막을 수는 없다. 이렇게 내성 균주가 출현하면서 사용할 수 있는 항생제가 줄어들고 결국 치료 방법도 사라지고 만다. 2011년 새싹 채소가 다양한 항생제에 대한 내성 균주인 슈퍼박테리아에 감염되었다. 이 때문에 새싹 채소를 먹은 사람들의 감염 사고가 잇달았고, 유럽 전역에서 환자가 발생했다. 의사들은 감염 원인이 장응집성 대장균임을 알았지만, 수십 명의 환자가 목숨을 잃고 있음에도 이를 치료할 방법이 없었다. 일반적인 장응집성 대장균에 의한 감염은 항생제로 쉽게 치료할 수 있으나 이때의 감염 대장균은 항생제 내성을 가진 균주였기에 치료가 불가능했던 것이다(https://en.wikipedia.org/wiki/2011_Germany_E._coli_O104:H4_outbreak).

이렇게 슈퍼박테리아가 등장하면 새로운 항생제가 개발된다. 그러나 현재 쉽게 찾을 수 있는 항생제는 대부분 발견되었고, 사용 중이다. 새로운 항생제 하나를 개발하기 위해서는 10여 년의 세월이 걸리고 1조 원 넘는 비용이 발생한다. 문제는 이렇게 시간과 돈을 투자해 항생제를 개발해도 비싼 가격에 판매할 수 없다는 데 있다. 그 때문에 많은 제약회사들이 항생제 개발을 수익성 없는 사업으로 판단한다. 새로운 항생제 개발이 쉽지 않은 상황이다.

슈퍼박테리아에 대응하는 우리의 자세

그러면 슈퍼박테리아에 대한 우리의 대처 방법은 무엇일까? 항생제를 남용하지 않는 것을 기본으로 해야 한다. 항생제 사용이 줄어 내성균에 대한 선택성(균의 입장에서는 살기 위한 방법을 선택하는 것이다. 균의 생존을 위해 내성 균주가 등장하는 것이라고 이해하면 된다)이 없어지면 슈퍼박테리아는 사라진다. 이는 슈퍼박테리아의 생장 속도가 원래의 병원성 균주보다 느리기 때문이다. 병원성 균주와의 생장 경쟁 과정에서 자연스럽게 도태되는 것이다.

다른 방법은 지금까지 발견된 항생제와 개념이 다른 차세대 항생제를 개발하는 것이다. 여기엔 세균을 숙주로 삼는 바이러스인 박테리오파지를 이용하는 방법이 있다. 박테리오파지를 환자에게 투여하면 병원성 균만 선택적 감염을 일으켜 죽인다. 이는 박테리오파지와 세균이 오랜 진화 과정 동안 서로를 죽고 죽이는 싸움을 반복했고, 현재도 진행 중이기 때문에 가능하다. 자연계 내에서 박테리오파지는 해당 박테리아를 죽일 수 있도록, 창과 방패처럼 박테리아의 변형에 맞춰 변형과 진화를 이어왔다. 이는 인간이 인위적으로 만들어내는 항생제가 할 수 없는 영역이다. 항생제는 진화가 가능한 물질이 아니기 때문이다. 이렇게 박테리아의 변화에 맞춰 진화한 박테리오파지를 이용해 새로운 개념의 항생제를 만들면 항생제 내성균 출현에 의해 생기는 문제를 어느 정도 극복할 수 있다.

세 번째 방법은 병원성 균을 직접 죽이지 않고 병원성 인자만 불활성화시키는 방법이다. 병원성 대장균은 일반 대장균과 달리 인체에 침투하는 능력이나 인체의 면역 체계를 피하는 방법을 알고 있다. 이런 특징적 생리 현상이 감염성 질환을 일으키는 원인인데, 이를 병원성 인자라고 부른다. 만약 병원성 인자만을 선택적으로 불활성화시킬 수 있다면 병원성 대장균은 일반 대장균으로 변한다. 동시에 인체 침투 능력이나 면역 체계를 피하는 능력도 사라진다. 미생물을 죽이지 않아서 내성균의 출현을 유도하지도 않는다. 간혹 돌연변이 내성균이 생겨도 앞서 설명한 것처럼 생장 경쟁에서 자연스럽게 도태된다.

이 밖에도 열처리나 에탄올 사용 등의 화학적 방법으로 환경에 존재하는 슈퍼박테리아를 제거할 수도 있다. 아마 가장 어려운 방법일 것이다. 슈퍼박테리아가 전파되는 상황에서 환경을 통제하는 것은 어려운 일이기 때문이다. 다만 이번 코로나바이러스를 겪으며 우리가 배운 것처럼, 개개인의 생활 환경에서 생장과 전파를 억제하는 상황을 만든 다면(마스크로 전파 억제, 개인 위생 수칙 습관화로 생장 억제) 효과적으로 슈퍼박테리아를 제거할 가능성도 높아진다.

⟨슈퍼박테리아 대응법⟩

① 항생제 오남용하지 않기

② 박테리오 파지 이용하기

③ 병원성 인자만 불활성화하기

나쁜 균

4 (내 몸의
0차 방어선)

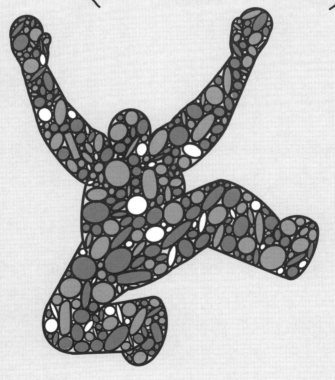

01 미생물은 장 건강에만
관여하는 것이 아니다

미생물과의 공생은 장에서만 일어나는 것일까? 당연히 아니다. 장 다음
으로 우리 몸에서 많은 미생물이 살고 있는 곳이 피부다. 다만 피부와 장
은 환경에서부터 큰 차이가 있다.

장이 일정한 온도, 적당한 수분, 지속적인 영양분 공급이 가능해 미
생물들의 천국이라면, 피부는 오히려 미생물들의 전쟁터라고 표현하는
것이 어울린다. 외부 환경에 지속적으로 노출되어 있어 언제 어떤 공격
을 받을지 알 수 없다. 환경은 꾸준히 변해 때로는 건조하고, 때로는 습

해진다. 우리가 체온을 유지한다고 해도 피부 표면의 온도는 늘 달라진다. 충분한 수분이 공급되지 않으며, 때로는 땀에 의한 염의 농도가 높아져 미생물 생장이 어려운 상황에 놓인다. 그뿐만 아니라 매일매일 살균 작용(사람의 입장에서는 세안이겠지만 미생물에게는 생존을 위협하는 살균 과정이다)을 통해 급격한 균총의 변화를 겪는다. 장내 미생물처럼 외부 유입균과의 경쟁에서 이기고, 일부 미생물이 천천히 변화를 겪는 시간적 여유도 없다.

그럼에도 우리 피부에는 많은 미생물이 살아간다. 그들은 이 모든 어려움을 이겨내고 자신만의 방식으로 사는 법을 터득했다. 일단 피부에 분비되는 지질 성분을 영양분으로 이용하며 먹고사는 문제를 해결했다. 매 순간 새로운 미생물이 생기고 사라지는 과정에 익숙하고 무작위로 균총이 변하지 않는 방법도 발견한 것 같다.

이는 각각의 특징에 따라 차이는 있어도 도시별, 기후별 동일 미생물들이 관찰되는 것으로 증명할 수 있다.[26] 즉 사람들 사이에 평균적으로 존재하는 미생물이 있다는 것인데, 이는 피부 미생물이 험난한 조건들로부터 스스로를 지켜냈다는 의미이기도 하다.

사람 몸에 사는 미생물

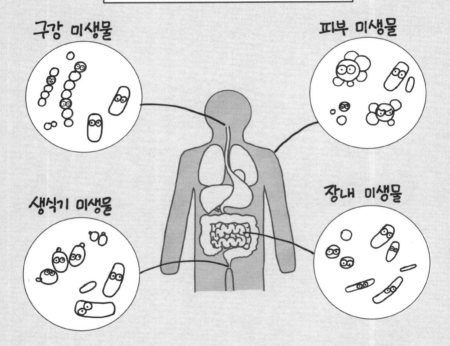

구강 미생물

피부 미생물

생식기 미생물

장내 미생물

유익균 VS 유해균

피부 미생물에도 유익균과 유해균이 존재한다. 많은 학자들이 유익하지도 유해하지도 않은 미생물 그룹이 있다고 분류하지만, 나의 개인적인 판단은 아무런 역할도 하지 않는 미생물은 없다는 쪽에 가깝다. 아직우리가 미생물의 기능을 밝히지 못했거나, 유해균에게 자리를 내주지않으면서 생장을 억제하는 것만으로도 피부에 유익한 역할을 하는 것으로 보는 게 더 적절하다. 사실 피부 미생물에서 유익균을 찾는 것은 굉장히 어렵다. 그 이유는 대부분의 연구가 피부보다는 몸 내부의 건강과관련되어 있기 때문이다. 피부에 존재하는 동안은 유익한 활동을 했다해도(이것 역시 나의 가정일 뿐 밝혀지지는 않았다) 몸 안에 들어가서 동일하게 유익한 활동을 한다는 보장은 없다. 실제로도 대부분의 외부 유입균은 몸 안에서 부작용을 일으킬 확률이 높다. 즉 감염성 질환을 일으키는 균으로 분류된다. 그렇기에 균에 대한 우리의 인식이 좋지 않은 경우가 많은 것이다.

그럼에도 피부 유익균은 존재한다. 대표적인 피부 유익균이 표피포도상구균*Staphylococcus epidermidis*이다. 건강한 사람의 피부로부터 표피포도

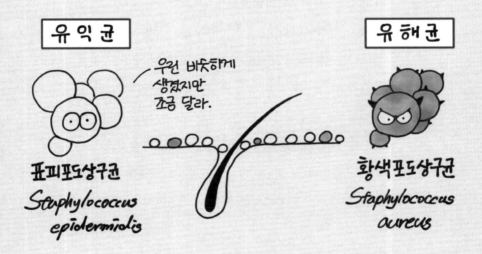

유 익 균

표피포도상구균
Staphylococcus epidermidis

우선 비슷하게
생겼지만
조금 달라.

유 해 균

황색포도상구균
Staphylococcus aureus

상구균을 분리해 배양한 후 다시 피부에 적용하자 전체적으로 보습력과 지질 함량이 증가했다. 또한 산성도가 낮아져 피부 환경이 건강해진 다는 것이 연구를 통해 밝혀졌다. 더불어 피부에서 특별한 질병을 일으킨다는 보고는 없다. 유익균이 있으면 유해균도 있는 법이다. 대표적인 피부 유해균으로는 황색포도상구균*Staphylococcus aureus*이 있다. 황색포도상구균은 피부에서 많이 발견되는 균 중 하나로, 정상적인 피부에서는 큰 문제를 일으키지 않는다. 그러나 아토피 피부 질환을 가진 경우, 가려움 증상이 나타나는 부위에 유독 황색포도상구균의 수가 많았다. 또한 이 균을 제거하니 아토피 증상이 완화되었다.

피부 미생물 살균의 나쁜 점

이처럼 피부 미생물은 피부 건강에도 영향을 미친다. 그럼 우리는 피부 미생물을 어떻게 관리해야 할까? 지금까지는 "모두 다 죽여!"라는 슬로 건 아래 열심히 씻어내는 방법을 사용했다. 유익균과 유해균을 구분하지 않고 모두 살균하는 것은 가장 손쉬운 방법이다. 그러나 피부 건강에 가장 좋은 방법은 아니다. 살균을 위해 우리가 주로 사용하는 물질은

70%가 에탄올이다. 에탄올은 피부에 자극을 준다. 또한 피부 지질 성분까지 씻어내기 때문에 피부가 거칠어진다. 에탄올 외의 살균 물질도 다양한 미생물에 대해 광범위한 살균력을 가지는데, 이는 앞서 설명한 항생제 및 우리 몸의 관계와 비슷하다. 우리 몸에 긍정적 효과를 주는 살균 물질을 찾아보기란 어렵다. 이미 자리를 잡고 있는 유익균을 죽이는 것도 문제점이다. 장과 같은 논리인데, 우리의 피부에도 유익균이 이미 자리를 잡고 있으면 외부 환경으로부터 접촉된 유해균은 자기 자리를 찾지 못해 생장 기회를 잃는다. 그런데 모든 균을 없애면 어떻게 될까? 물론 이때도 유익균이 먼저 자리를 잡으면 다행이지만 반대 경우가 되면 우리 피부는 큰 피해를 입는다.

피부의 면역력 약화도 살균의 부작용일 수 있다. 면역 체계에는 선천적 면역과 후천적 면역이 있다. 선천적 면역은 비특이적 면역, 후천적 면역은 특이적 면역이라고도 표현한다. 이는 후천적 면역이 태어난 이후 우리가 접하는 외부 물질에 적응하면서 생기는 면역이기 때문이다. 우리가 접한 외부 물질의 종류에 따라 갖게 되는 면역력도 달라진다. 대표적인 예로 항원 항체 반응이 있다. 우리 몸에 새로운 면역력을 만드는 예방 접종이 항원 항체 반응을 활용한 것이다. 그런데 우리 주변의 모든

균을 죽이면 어떻게 될까? 다양한 항원에 노출되지 않아 후천적 면역을 활성화시키지 못함으로써 오히려 면역력이 약화할 것이다. 이와 같은 현상은 피부에도 적용된다. 한 번 감염으로 생사를 오갈 정도의 강력한 병원균이 아닌, 큰 피해를 주지 않는 균에 노출되어 면역력을 기를 수 있게 해주는 것이 바람직하다. 해롭지 않은 균들이 우리가 사는 환경에 함께 존재하는 게 오히려 건강을 지키는 방법인 이유다. 과거에는 선택적으로 유익균을 살리고 유해균을 죽이는 기술이 없었다. 그래서 안전하고 쉬운 살균을 균에 대항하는 방법으로 삼았다. 그러나 이제 새로운 방법들이 알려지고 있다. 그렇기 때문에 우리가 균을 어떻게 관리할 것인지, 균과 어떤 관계를 이루며 살아갈 것인지 다시 생각해봐야 한다.

좋은 균　　　무해한 균　　　나쁜 균

02 우리 몸의 겉옷, 피부를 관리하라

피부에서 미생물이 어떤 역할을 하는지 최근 많은 연구 결과가 발표되고 있다. 지금까지 외부 환경에 직접 노출되어 있는 피부의 관리 방법과는 확연히 다른 방향이다. 피부는 우리 몸을 보호하는 1차 방어막이다. 우리 몸이 건강을 유지하기 위해, 외부의 모든 것으로부터 스스로를 지키기 위해 입은 생물학적 전신 갑옷이라고 봐도 된다. 피부 미생물은 그 갑옷 위에 존재하는 무기다. 그래서 우리 몸의 0차 방어선이라는 표현을 썼다. 과연 피부 미생물은 어떻게 우리 몸을 질병으로부터 보호하고 있을까?

스킨 프로바이오틱스skin probiotics

스킨 프로바이오틱스는 장에 긍정적 영향을 미치는 프로바이오틱스처럼, 피부에 긍정적 영향을 주는 미생물을 지칭하는 개념이다. 다만 피부는 일시적인 적용으로는 완벽하게 미생물과 관련된 관리를 하기 어렵다. 매번 다른 조건의 환경적 영향에 노출되어 있기 때문에 장내 미생물보다도 지속적인 관리가 필요하다. 우리가 화장품을 발라서 피부를 케어하는 것도 같은 이유다.

이런 논리에 따라 스킨 프로바이오틱스를 관리하려면 살아 있는 균을 피부에 도포해야 한다. 그러나 이는 실질적으로 불가능한 방법이다. 제품의 형태로 만든다 해도 살아 있는 균을 온전하게 보관하기 어렵다. 일반적인 장내 프로바이오틱스의 경우 분말화해서 균주를 보관하거나 유통 기간이 굉장히 짧은 이유도 이 때문이다. 피부 관리를 위한 제품이 요구르트 등처럼 유통 기한이 짧아지려면 지금과는 전혀 다른 유통 구조를 갖추어야 한다. 그만큼 어려운 일이 될 것이다. 여기에 유익한 균이라는 게 증명되었다고 해도 배양된 균을 여러 사람한테 동일하게 적용하는 것이 안전한지 100% 보장할 수 없다.

스킨 프리바이오틱스skin prebiotics

위에서 설명한 불확실성과 현실적 문제를 보완한 것이 스킨 프리바이오틱스 개념이다. 피부에 존재하는 유익한 균의 생장을 촉진하고, 병원성 미생물의 생장을 억제하는 물질이 프리바이오틱스다. 프리바이오틱스는 장에서 유익한 균의 생장 촉진을 돕는 역할만 한다. 물론 일반 음식물 섭취를 통해 병원성 미생물의 생장을 위한 영양분도 지속적으로 공급되기 때문에 프리바이오틱스의 유해균 억제 효과를 온전히 얻을 수는 없다. 그러나 피부는 피부 지질 외에는 어떠한 영양분도 전달되지 않아 오히려 미생물의 선택적 생장 조절 물질의 효과가 더 명확하게 드러난다.

스킨 프리바이오틱스는 많은 장점을 가진다. 식물 추출물에서 발견된 것은 피부 적용에 안전성이 높다. 특정한 성분이나 생균이 아니기 때문에 제품화 이후 물질의 안전한 유지도 가능하다. 피부에 도포한 후에는 개인이 가지고 있는 미생물 중 피부 건강에 도움을 주는 미생물의 성장을 돕고, 유해균의 성장은 억제한다. 다른 사람의 미생물을 이용하는 것이 아니라서 부적합성이나 부정적 변화가 나타날 확률도 지극히 낮다.

프리바이오틱스 (Prebiotics)
: 유익균을 활성화하는 물질
프로바이오틱스 (Probiotics)
: 인체에 좋은 역할을 하는 미생물 (유익균)
스킨 프리바이오틱스
냠냠
너 누구야?
누구냐고!
저리 가!
넌 누군데?
넌 누구냐고!
싫어! 콱!
스킨 프로바이오틱스
피부의 유익균 활성화, 유해균 억제하는
식물 추출물 유래 물질
외부에서 나타난 살아 있는 미생물
(원래 있던 미생물과 싸울 수 있음)

피부 미생물의 보호 작용

기존에는 피부가 감염을 막는 1차 물리적 보호막이라고 생각했다. 물론 이런 기능은 현재도 유효하다. 그러나 매우 강력한 감염성 피부 질환 균은 건강한 피부에 접촉해도 질병을 일으킨다. 결국 피부 자체의 방어막만으로는 모든 질병에서 자유로울 수 없다. 이런 상황에서 피부 미생물은 새로운 방어 기작을 가진다. 유익한 피부 미생물이 유해균을 억제하는 물질을 분비하는 것. 이렇게 분비된 물질은 병원성 미생물의 생장 자체도 억제하지만, pH를 비롯해 피부 환경을 변화시켜 애초에 병원성 미생물이 살 수 없는 조건을 만들기도 한다. 피부 자체의 활동보다 앞서 더 확실한 방법으로 원천적인 감염 가능성을 낮춰주는 것이다.

여기서 끝이 아니다. 피부 미생물은 다양한 방법으로 피부를 보호한다. 앞서 설명한 면역력 강화가 가장 강력한 방법이다. 우리가 살아가는 환경은 과거와 비교하면 위생적으로 엄청난 발전을 이루었다. 개인의 청결도 비교하기 어려울 정도로 좋아졌다. 그럼에도 우리는 질병에서 자유롭지 못하다. 꾸준히 우리 주변에서 살아가는 균(미생물)을 죽였음에도 새로운 질병은 계속 생겨나고 있다. 이는 균을 제거하는 것이 완

벽한 방법은 아니라는 증거다. 피부 미생물은 단순히 감염 예방의 역할만 하는 것이 아니라 우리 몸이 환경에 적응하고 조화를 이룰 수 있도록 돕는다.

유익균은 다른 미생물과의 경쟁에서 이기기 위해 특수 물질을 분비하는데, 이는 인위적으로 만든 항생제와 달리 자연적 물질이다. 늘 피부에 존재하면서도 내성 균주의 문제로부터 조금이나마 자유로울 수 있다. 피부의 감염 질환을 예방하면서 동시에 피부 균총을 건강하게 유지하는 역할을 수행한다. 이런 미생물을 죽이면 우리 피부에 어떤 결과가 생길지 어렵지 않게 예측할 수 있다.

03 미생물과 몸의 통로인 피부 보호가 중요하다

우리 몸의 건강과 면역력의 연관성에 대해서는 여러 번 이야기했다. 피부 역시 우리 몸의 면역력과 연관이 있다.[27, 28] 이런 연관성의 관점에서 살펴봐야 하는 것이 '마이크로바이옴Microbiome'이다. 미생물Microbe과 생태계Biome의 합성어로, 우리 몸속 미생물과 그 유전 정보 전체를 통칭하는 개념이다.

피부는 유해물질이 우리 몸 내부로 침투하지 못하게 물리적으로 막아주는 중요한 방어막 역할을 한다. 그러나 병원성 미생물은 이러한 피부 장벽을 허물 수 있는 능력이 있으며 건강한 피부도 감염되어 발병한다. 피부에서 감염에 의한 발병을 억제하기 위한 다른 방법은 피부 상재균을 조절하는 것이다. 피부에는 많은 균이 존재하고, 이들이 다양한 항생 기능성 물질[29]뿐만 아니라 우리의 면역력을 증가시켜 외부에서 침투하는 미생물을 방어하도록 돕고 있다. 이러한 미생물 균총의 균형이 깨지면 쉽게 질병에 감염되며, 심지어 균형이 깨진 미생물 균총에 의해 피부 트러블이 생기기도 한다.

최근 개발된 스킨 프리바이오틱스 VSP complex는 한국 식품의약품안전처에서 제시하는 140여 개의 먹는 식물 추출물 라이브러리를 이용해 표피포도상구균의 생장을 선택적으로 촉진하고 황색포도상구균의 생장을 선택적으로 억제하는 6개의 추출물을 확보했으며, 현재 화장품 소재로 이용되는 5개 식물 추출물의 혼합체다. 임상 시험을 통해 VSP complex만 제거한 크림과 비교했을 때 황색포도상구균 29% 감소, 여드름 유발균*Cutibacterium acnes*(옛 이름: *Propionibacterium acnes*) 23% 감소를 확인했다. 아울러 피부 수분 함량 372% 개선, 건조로 인한 소양증 개선, 피부결 45% 개선, 피부 치밀도 229% 개선, 일상 피지 분비 조절력 501% 개선, 경피 수분 손실량 183% 개선, 붉은 기 31% 개선 등의 효과가 있었다. 이는 직접적인 생물학적 기작으로서 한두 가지 기작으로는 관찰하기 어려운 광범위한 긍정적 효과다. 그러므로 VSP complex를 이용한 화장품은 피부 균총을 개선하고, 이를 통해 피부의 건강과 아름다움을 유지해줄 것으로 기대된다.

우리 몸에서 나는 냄새도 피부 미생물과 매우 깊은 관련이 있다. 일반적으로 우리 몸에서 나는 냄새는 자연스러운 현상으로 여러 가지 생물학적 기능이 있을 것으로 추정된다.[30] 우리가 보통 악취라고 말하는 냄새는 우리 몸에서 직접 분비된 물질이기보다는 분비된 물질이 피부 미생물에 의해 변형된 형태다.[31,32] 일반적으로 몸에서 냄새 나는 사람도 자주 씻으면 그 냄새가 사라지는 이유다. 가장 심하게 냄새 나는 부위가 겨드랑이인데, 악취를 제거하기 위해 더 강한 냄새의 화장품을 이용하기도 한다. 더러는 악취 제거 수술을 선택하는 사람도 있다. 그러나 겨드랑이의 미생물 균총을 개선하면 악취를 제거할 수 있다. 이런 의미에서 VSP complex는 새로운 기능을 가진 화장품 개발 소재로 이용 가능하다.

04 건강한 습관과 피부 미생물의 연관성

미생물에 의한 질병은 감염이 원인이다. 증상이 있는 환자가 격리되고 접촉을 회피한다고 가정하면 감염은 무증상 감염자 또는 질병 증상이 나타나기 전의 보균자에게서 옮는 경우로 나눌 수 있다. 보균자는 자신도 모르게 감염되어 있는 경우가 대부분인데, 이에 대해서는 일반적인 감염 예방법과 동일하므로 따로 이야기하지 않겠다. 다만 보균자라는 사실을 알게 되면 다른 사람에게 전파되지 않도록 조심해야 하며(코로나19 상황에서도 무증상자들의 자가 격리가 얼마나 중요한지 충분히 학습했다) 자신도 면역력이 약해지면 질병으로 발전하므로 주의가 필요하다.

미생물에 의한 감염을 피하는 방법

감염성 질병 예방에 가장 중요한 것은 건강한 면역력을 보유하는 것이다. 장기 이식을 받은 환자가 수술은 성공적으로 끝났음에도 며칠 후 감염 증상에 의해 사망하는 일이 발생했다. 그 이유를 찾아보니 집 안에서 키우던 물고기가 원인이었다. 이 환자는 장기 이식을 받기 전에는 면역 체계가 정상이었다. 그러나 장기를 이식한 후 장기에 대한 거부 반응을 억제하기 위한 목적으로 면역 억제제를 복용하면서 면역력이 매우 약해졌다. 그런데 키우던 물고기에 감염성 미생물이 있었다. 정상적인 면역력을 가지고 있었다면 아무 일도 일어나지 않았겠지만 면역력이 약해진 환자에게는 감염으로 인한 질병이 나타났고 결국 사망에 이른 것이다. 감염 질환에서 면역력이 얼마나 중요한 것인지를 보여주는 사건이었다.

우리가 사회생활을 하고 무균 공간에서 혼자 사는 것이 아니기에 아무리 주의를 기울여도 최소한의 감염은 피할 수 없다. 또한 면역력이 떨어지면 우호적인 미생물도 심각한 질병을 일으킬 수 있다는 연구 결과가 있다. 결국 감염성 질환을 이겨내는 힘은 면역력 강화에 있다.

면역력은 식습관과 생활 습관에 따라 영향을 받는다. 흔히 하는 이야기지만 잘 먹고, 잘 자고, 잘 싸면 된다. 즉 건강한 어린 아이처럼 생활하면 된다. 아이는 정해진 시간에 건강한 식사를 하고, 정해진 시간만큼 잔다. 어른이 되어서도 그런 생활을 유지한다면 우리 몸은 충분히 건강할 것이다. 다만 우리는 여러 이유로 이런 생활을 지속하기가 어렵다. 그럼 이렇게 생활하기 어려운 대다수 현대인들은 어떤 방법으로 스스로를 보호해야 할까?

우리 몸의 방어력인 면역력을 증가시키는 것이 미생물 감염 질환을 막는 방법의 하나라고 하면 또 다른 가장 중요한 예방법은 병원성 미생물과의 접촉을 피하는 것이다. 첫 번째로 많은 사람이 있는 좁은 공간을 피한다. 현대의 삶에서 아마 대부분의 사람은 이를 실천하는 게 불가능할 것이다.

두 번째로 마스크를 쓴다. 그러나 전문가들이 많이 지적했듯이 마스크로 공기 중의 미생물을 완벽하게 걸러내는 것은 불가능하다. 오래전 디스커버리 채널에서 기침할 때 어떻게 입을 가려야 입에서 나오는 분산물을 최소화할 수 있는지를 보여주는 실험을 한 적이 있다. 일반적인 마스크나 손수건보다는 팔꿈치 안쪽에 대고 기침하는 게 공기 오염을 줄였던 것으로 기억한다. 한편, 마스크나 손수건은 천으로 만들어져 구멍 사이로 많은 분산물이 통과할 수 있다. 따라서 알맞게 디자인되고 적절한 필터로 제작된 마스크를 사용해야 한다.

세 번째는 조금 개인적인 나만의 방법이다. 거리를 걷다 보면 기침을 하는 사람들이 있다. 나는 이런 사람들보다 항상 앞에서 걸으려고 한다. 앞서 걸어가면 기침에 의한 비말 흡입을 피할 수 있다. 부득이 기침을 하는 사람 뒤에서 걸어갈 때면 비말의 분산 범위를 머릿속으로 그려 보고 그곳을 지날 때 숨을 참는다. 비말의 확산 방향과 범위를 예측해야 하는 게 조금은 어렵고 너무 복잡하게 사는 것 같다는 생각이 든다. 그러나 이 방법은 생각보다 효과적이다. 이런저런 계산을 하는 게 어렵다면 항상 앞서서 걸어가는 것이 좋은 방법이다.

네 번째로 손을 깨끗이 씻는다. 공기뿐만 아니라 손을 통해서도 미생물 감염이 일어난다. 특히 많은 질병이 손을 매개로 전파된다. 손을 씻는 것만으로도 감염을 충분히 예방할 수 있는 이유다. 호흡기 감염의 경우도 기침이나 코를 풀면서 많은 미생물이 손을 오염시키고, 이를 통

- 무언의 레이싱 -

해 주위로 전파된다. 그러므로 손을 씻고 얼굴을 만지지 않는 것이 미생물 감염을 예방하는 좋은 방법이다. 기침에 의해 발생하는 분산물과 식품에 의한 감염을 제외하면 대부분의 미생물 감염은 손을 씻음으로써 방지할 수 있다. 심지어 대부분의 식품 오염도 제조 및 요리 과정에서 손을 씻으면 최소한으로 줄일 수 있다. 병원에서도 흔히 일어나는 항생제 내성 미생물의 발생을 손 씻기로 많이 해결한다.

5 （미생물에 대한 올바른 자세）

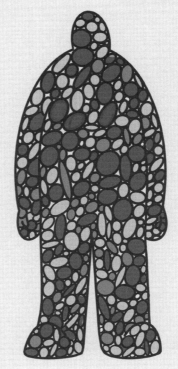

01 왜 점점 병원균이 많아질까?

미생물에 의한 감염성 질병은 계속해서 새로운 모습으로 등장하고 있다. 사스, 메르스부터 현재 진행 중인 코로나19까지 인간에게 최악의 상황을 제공하는 바이러스의 출현은 결국 우리의 삶과 밀접한 관계가 있다.

왜 새로운 미생물 감염성 질환의 출현이 많아질까? 자연은 인간을 적대시하고 있는 것인가?

일단 우리 생활의 변화와 연관성이 아주 크다. 이제 더 이상 한 곳에서만 생활하지 않고, 전 세계가 하나의 생활권으로 연결되어 있다. 과거에는 걷기나 말 등 동물이 이용 가능한 운송 수단이었기 때문에 이동 거리에 명확한 한계가 존재했다. 그래서 특정 지역에 있는 풍토병은 해당 지역에서만 발생할 뿐 전 세계적으로 확산하지 않았다. 그러나 오늘날 대부분의 거점 지역 간 이동은 하루면 충분하다. 빈번한 여행과 교류를 통해 수많은 사람과 물자의 이동이 이뤄지고 있다. 결국 미생물의 전파가 그만큼 수월해지는 것이다. 가장 대표적인 질환이 HIV다. HIV는 에이즈 증상을 일으키는 바이러스로 아프리카 지역의 질병이었으나 지금은 전 세계에 퍼져 있다. 코로나바이러스가 전 세계적으로 퍼진 것도 같은 이유다.

문명이 발달하고 생활 환경이 변함에 따라 과거에는 접하기 힘들었던 미생물이 우리 주변에 많이 서식하게 되었고, 이들이 질병을 일으키는 사례도 늘어나고 있다. 대표적인 것이 레지오넬라균 감염이다. 일반적으로 자연계에 존재하나 에어컨을 사용하기 이전에는 큰 문제를 일으키지 않았다. 그러나 에어컨 냉각탑에서 레지오넬라균이 생장하고, 이것이 에어컨 가동과 동시에 공기 중으로 분산되어 사람 감염이 이뤄진다. 에어컨을 개발하기 전에는 없었던 새로운 감염 기작이

생긴 것이다. 예르시니아균Yersinia enterocolitica에 의한 감염 질환도 같은 경우다. 예르시니아는 식중독을 일으키는 균으로, 저온에서 생장하는 특징이 있다. 그 때문에 과거에는 많지 않았지만 냉장고의 사용과 함께 새로이 등장했다. 냉장고를 통한 온도 조절로 일반적인 식중독 균으로부터는 안전해졌지만 그사이 우리가 알지 못했던 새로운 균이 등장한 것이다. 비록 속도가 느리기는 해도 저온 생장하는 예르시니아균은 식중독을 일으킨다.

인간의 생활과 면역력의 상관관계

이렇게 생활 환경과 습관이 변화하면서 당연하게 우리 몸의 면역 체계에도 변화가 일어났다. 지금은 깨끗한 물이 항상 공급되어 음식을 조리하거나 씻을 때 수질에 대한 문제가 없다. 또한 하수 처리를 통해 환경 오염을 최소화하고 있다. 이러한 위생적인 생활 환경이 많은 감염성 질환을 예방해 기대 수명을 늘려왔다. 그러나 그만큼 미생물에 노출되는 경우가 적어 면역 체계의 활성화가 어려워졌다. 과거에는 경미하게 넘어갈 수 있었던 감염 질환도 지금의 우리 몸에는 매우 심각한 증상을 유발하며, 심지어 사망에 이르는 원인이 되기도 한다.

특히 어려서부터 너무 위생적인 생활을 한 현대인의 경우 이러한 결과가 뚜렷하게 나타난다. 아토피 피부염같이 면역 체계의 비정상적 작용과 관련한 질환도 많아지고 있다. 이를 치료하기 위해 아이들을 다양한 항원에 노출시켜 면역 체계를 훈련하는 과정이 반드시 필요하다. 물론 이런 이유로 비위생적인 생활을 할 수는 없다. 따라서 적당한 수준의 타협점이 필요하다. 우리가 예방 접종을 통해 병원성 균에 대한 면역 체계를 훈련시키는 것도 같은 이유다. 다만 모든 질환을 예방할 수 없다는 점은 분명하게 인지해야 한다. 독감 예방 접종을 한다고 해서 독감에 전혀 걸리지 않는 건 아니라는 것을 기억해야 한다. 그해에 유행할 것으로 예상되는 독감에 대한 예방 접종을 했는데, 다른 변종 독감 바이러스가 등장하면 예방 주사의 효과를 전혀 얻을 수 없다. 그래서 예방 주사만 믿기보다 면역 체계에 큰 영향을 주는 우리 몸의 균총에 대한 관리가 필요한 것이다. 개개인의 균총 진단 후 그에 따른 맞춤형 프로바이오틱스를 제공하고, 몸에 존재하는 유익균의 생장을 늘리고 유해균의 생장을 억제하는 프리바이오틱스를 공급해야 균총을 효과적으로 관리할 수 있다.

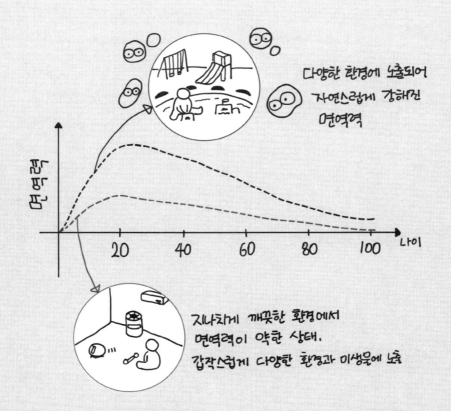

다양한 환경에 노출되어
자연스럽게 강해진
면역력

지나치게 깨끗한 환경에서
면역력이 약한 상태.
갑작스럽게 다양한 환경과 미생물에 노출

길어진 인간의 수명도 영향을 준다. 위생적인 환경, 건강한 식사, 다양한 치료제가 인간의 수명을 늘렸고 사회적으로도 노령 인구 집단이 생겨났다. 자연스럽게 면역력이 취약한 연령대인 노년기가 길어진다. 그 시기 동안 미생물 감염에 의한 증상의 발현 가능성도 높아지는 셈이다. 건강상 특별한 조건을 갖는 사람들이 늘어나는 것도 같은 이유로 영향을 준다. 대표적인 것이 장기 이식자 또는 에이즈 보균자다. 이들은 면역력이 가장 취약한 상태에 놓이기 때문에 미생물 감염 질환에 노출되기도 쉽다. 과거에는 이런 특별한 신체적 조건을 가진 이들이 많지 않았다. 그래서 우리가 알지 못했던 감염성 질환이 최근에 더욱 빈번하게 나타나고 있는 것이다.

결국 생활 방식의 문제

여기서 끝이 아니다. 치료제 남용, 항생제 사용 증가 등으로 인한 내성 균주의 등장이나 조류독감의 예에서 드러난다. 인간의 가축 관리 문제 등도 원인이 된다. 내성 균주와 관련한 내용은 슈퍼박테리아 이야기를 통해 충분히 설명했다. 항생제 남용만큼 문제 되는 것은 인간이 만든

시설물로 인해 병원성 균주의 출현이 이뤄진다는 점이다.

　　조류독감의 예를 살펴보자. 자연계에서도 가금류와 관련한 질환이 생기는 경우가 있었다. 그러나 이때는 한 무리를 이루는 조류의 죽음으로 마무리되고 큰 문제를 일으키지 않았다. 일반적으로 바이러스는 다른 종에 침투하지 못한다. 발생한 종에 특화되어 있기 때문이다. 그래서 조류의 죽음이 인간에게 큰 영향을 미치지 못한 것이다. 그러나 인간이 가금류를 사육하기 시작하면서 이야기가 달라졌다. 수백만 마리의 닭을 같은 공간에 가두어 키우는데, 이곳에 바이러스가 하나 생기면 어떻게 될까? 바이러스의 수는 수십 경을 넘어가게 된다. 이렇게 상상을 뛰어넘는 수의 바이러스가 생기면, 확률적으로 인간에게 영향을 주도록 변형된 바이러스가 하나는 나타나기 마련이다. 닭을 관리하는 사람이 이 바이러스에 감염되고, 결국 사람과 사람 사이의 감염이 시작되는 것이다. 조류에 발생하는 바이러스에서 출발했기 때문에 사람은 이와 관련한 면역력이 전혀 없는 상태다. 치료제를 개발하지 못했으니 치사율은 높을 수밖에 없다. 과거와는 다른 비정상적인 식생활과 주거 생활 등이 자연 방어 체계를 통해 막고 있던 다른 종 간의 바이러스 교류를 활발하게 만드는 것이다. 앞으로 이런 새로운 변형 바이러스의 출현은 더욱 빈번해질 것이다.

　과학기술이 발달하고 생활 환경이 최첨단화될수록 질병 치료에도 도움이 된다고 알려져 있다. 실제로 치료의 관점에서는 틀린 이야기가 아니다. 그러나 진단의 관점에서는 다르다. 과거에는 원인을 알지 못했던 질병들이 새로운 미생물 감염성 질환으로 확인되고 있다. 이런 이유로 시간이 지날수록 새로운 미생물 감염 질환의 출현은 늘어날 수밖에 없다. 이에 대한 근본적 대처 방법은 우리 몸의 면역 체계를 강화하는 것뿐이다. 따라서 면역 체계를 훈련시키고 외부의 자연환경과 조화를 이루며 살아가는 게 더욱 중요해질 것이다. 이제는 그 방법에 대해 생각해야 할 시기다.

02 우리가 미생물과 싸우는 방법

생태계에서는 항상 경쟁과 협력에 의해 개체나 종족의 생존 가능성을 높인다. 그러면 미생물은 우리의 적인가, 친구인가? 지금까지는 아마 대다수 사람이 적이라고 답했을 것이다. 실제로 미생물이 여러 질병의 원인인 경우도 빈번하다. 그래서 미생물은 나쁜 것으로 인지하고 모두 제거하는 방법을 찾아왔다. 그러나 과연 미생물의 도움 없이 우리가 건강한 삶을 유지할 수 있을까? 불가능하다. 그렇다고 미생물과 싸움에서 완전한 승리를 거둘 수 있을까? 이 또한 불가능하다. 우리는 항상 질 것이다. 이는 지금까지 여러 차례 다양한 방법으로 미생물과 싸워온 인간의 역사가 증명한다. 그렇게 했음에도 여전히 우리는 미생물과 함께 살고 있으니 말이다.

포자까지 살균하는 오토클레이브 방법

우리는 지금까지 몇 가지 방법을 이용해 미생물과 싸움을 이어왔다. 가장 대표적인 것은 가열이다. 전문적 표현으로는 오토클레이브Auto-clave 방법이라고도 하는데, 121°C에서 20분간 열처리하는 것을 말한다. 살아 활동하는 미생물은 비교적 끓는 물에서 쉽게 사멸한다. 물이 오염되었다고 여겨지면 끓여 먹으라는 지침도 이런 연구 결과에 따른 것이다. 그러나 일부 미생물은 포자를 만들어 끓는 물의 높은 온도에서도 생존한다. 포자는 일종의 멈춤 상태라고 이해하면 된다. 미생물이 모든 활동을 멈추고 스스로를 안전장치에 넣어 생명 유지만 가능하게 만드는 것이다. 그리고 생존에 위협이 되는 환경(고온, 건조, 항생제 사용 등)에서 벗어났다고 판단하면 다시 활동을 재개한다. 이런 포자 상태의 미생물까지 죽이기 위해 등장한 방법이 바로 오토클레이브다.

Boiling Water

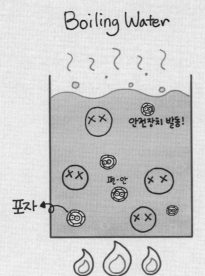

Autoclave

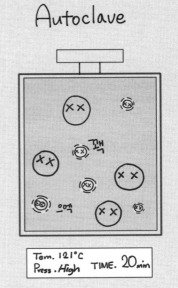

포자를 만드는 형태로 위험에서 살아남는 대표적인 균은 곰팡이다. 물론 세균 중에서도 포자를 만드는 종이 있다. 그중 가장 악명 높은 것이 보툴리누스균*Clostridium botulinum*이다. 원래 보툴리누스균은 혐기성으로, 산소를 함유한 공기에 노출되는 것만으로도 죽는다. 그런데 포자는 산소에 대한 내성을 가지고 있으며 전파까지 가능하다. 그렇기에 121°C에서 20분간 열처리를 해 포자까지 살균한다.

특히 통조림을 만들 때 오토클레이브 방법을 이용해 보툴리누스균의 포자까지 살균한다. 그러나 이때 불완전한 살균이 일어나면 통조림 내 다른 균은 모두 죽더라도 보툴리누스균의 포자는 살아남는다. 불완전 가열이 포자의 발아를 촉진하는 신호 역할을 하고, 산소 없는 혐기성 상태이면서 음식물이 담긴 통조림 내부는 보툴리누스균을 위한 최적의 장소가 된다. 그렇게 생장한 균은 신경 독소를 만들고, 통조림을 섭취한 사람들이 사망하는 사고가 발생하기도 한다. 그러므로 오토클레이브를 확실하게 처리하는 것은 매우 중요하다. 미국 MIT 식품공학과에서 이와 관련한 많은 연구를 진행해 이론을 확립했다. 그러나 MIT 식품공학과는 1988년에 문을 닫았다.

선택적으로 세균을 죽이는 항생제

세균과 항생제는 떼려야 뗄 수 없는 관계다. 약과 독의 차이점은 영향을 미쳐야 하는 생명체 외에 다른 생명체에 해가 되는지 여부를 갖고 판단한다. 우리 몸에는 해를 주지 않으면서 세균만 죽일 수 있는 물질이 항생제이다. 이런 역할이 가능한 것은 항생제가 세균의 생장에는 매우 중요하지만, 사람에게는 존재하지 않는 생리 대사를 방해하는 물질이기 때문이다. 대표적인 것이 세균의 세포벽이다.

세균의 세포벽은 펩티도글리칸Peptidoglycan이라는 다당류로 구성되어 있으며, 그물망 같은 공유 결합을 통해 외부로부터 세포를 지키는 단단한 구조물을 형성한다. 세포벽 덕분에 세균은 다양한 스트레스가 존재하는 외부 환경에서 생장이 가능하다. 세포벽 없는 세균이 특수한 환경을 제외하고는 죽는 것도 이런 이유다.

그러나 사람은 세포벽이 없으며 펩티도글리칸도 만들지 않는다. 그러므로 세포벽의 합성을 방해하는 물질은 세균만 선택적으로 죽이는 용도로 쓸 수 있는데, 이런 특성을 가진 항생제가 페니실린이다. 페니실린의 등장으로 수많은 사람이 목숨을 건질 수 있었다. 여기까지는 최고의 발견이라고 할 만하다. 그러나 단백질 합성을 저해하는 다양한 항생제가 연이어 발견되기도 했다. 그러나 그동안 세균도 항생제에 대항하는 방법을 스스로 찾아냈다. 이것이 바로 내성 균주의 출현이다.

앞서 설명했듯 미생물은 다양성 확보와 생존을 위해 유전자 복제 과정에서 유전 정보의 잘못된 복제에도 비교적 너그럽다. 이런 특성 덕분에 항생제를 견디는 돌연변이 균주가 쉽게 발생할 수 있다. 항생제에 영향을 받지 않는 내성균에 감염되면 치료 방법이 없는 경우가 대부분이다. 패혈증으로 인한 사망은 대부분 이 같은 내성 균주에 감염된 경우다.

이 밖에 곰팡이의 경우 항진균제라는 표현을 쓴다. 항생제와는 다른 작용을 하는 물질이다. 곰팡이는 진핵세포로 세균보다 우리 몸에 있는 세포와 비슷한 점이 많다. 그 때문에 곰팡이만 따로 죽일 수 있는 물질을 찾는 것이 쉽지 않다. 무좀이 바로 곰팡이로 인해 발생하는 질환인데, 대부분 박멸하기 어려운 이유도 곰팡이가 지닌 특성 때문이다.

에탄올 살균과 미생물의 바이오 필름

에탄올도 세균과 싸우는 우리의 무기다. 에탄올은 생물체의 구성 성분을 변성시켜 생물 대사를 어렵게 만든다. 세균도 이런 과정을 거쳐 죽는다. 그런데 에탄올 100%를 살균에 사용할 경우 처음 접촉된 변성 성분에 의해 에탄올이 침투하기 어려워 오히려 세균을 보호하는 기능을 한다. 그래서 우리는 보통 에탄올 70%를 함유한 물질로 살균한다. 그러나 이 또한 완벽한 방법은 아니다.

일반적으로 자연계에 있는 미생물은 세포 단위로 하나씩 존재하는 것이 아니다. 세균들이 뭉쳐서 자라며 때로는 유기 물질을 분비해 미생물 세포와 함께 덩어리의 형태로 생장하기도 하는데, 이를 바이오 필름이라고 한다. 바이오 필름을 형성한 미생물은 내부적으로 생장 경쟁을 하면서 스트레스를 받는다. 그리고 이때 다양한 스트레스에 대해 내성을 가지며 강해진다. 그뿐만 아니라 바이오 필름 자체도 미생물의 보호막 역할을 하기 때문에 바이오 필름 내부에 있는 세균을 죽이는 것은 매우 어렵다. 저자가 직접 진행한 실험에서도 단일 세포로 자라는 세균은 20%의 에탄올 농도에서 살균 효과를 보이기 시작했으나,

바이오 필름을 형성한 세균은 25%의 에탄올 농도에서 살균 효과가 나타나기 시작했다. 에탄올의 살균 효과에는 이 밖에도 다양한 예외 사항이 존재한다. 일단 에탄올의 농도가 높으면 앞서 이야기한 것처럼 단백질 변성을 통해 에탄올의 투과성이 떨어진다. 미생물이 바이오 필름 형태를 보일 때도 유기 물질의 변성은 동일하게 일어난다. 그 때문에 변성한 바이오 필름은 세균으로서 영향력은 잃지만 우리 피부 표면에 덩어리 형태로 달라 붙어 있다. 비록 눈에 보이지 않지만 변성된 바이오 필름이 피부에 오래 붙어 있으면 그 부분의 피부 관리에 문제가 생길 수밖에 없다.

이런 문제까지 고려하면 에탄올 농도가 높다고 모두 좋은 것이 아니다. 40% 에탄올과 70% 에탄올의 살균력은 큰 차이가 없다. 따라서 단백질 변성을 방지하면서 세균을 죽일 수 있는 40~50% 에탄올이 적정한 농도라고 볼 수 있다.[33]

미생물과 함께 사는 방법 찾아야 한다

흑사병은 인류에게 큰 재앙과 같은 질병이다. 악명 높은 유럽의 중세 시대 대유행뿐만 아니라 인류 역사 곳곳에서 치명적 질병으로 흑사병이 등장한다. 페스트균*Yersinia pestis*은 야생의 설치류에 존재하며, 노출될 경우 사람도 감염될 수 있다. 흑사병을 예전 중세 시대에 많은 사람을 사망케 한 질병 정도로 이해하는 이들이 많을 것이다. 그러나 흑사병은 지금도 발병한다.

지난 2015년, 미국 캘리포니아[34]와 콜로라도에서 흑사병 환자가 발생해 그 일부가 사망했다. 벼룩에 물리면서 페스트균에 감염된 것인데, 흑사병 중에서도 림프절흑사병으로 볼 수 있다. 이때는 주변으로의 감염력이 약하다. 그러나 치료하지 않고 증상이 심해지면 폐흑사병으로 발전하고, 이때부터 공기를 통한 전염이 시작되어 사망률이 높아진다. 지구상에서 흑사병을 완전히 사라지게 하고 싶다면, 설치류를 모두 제거해야 한다. 인간의 생활 환경에서 함께 존재하는 쥐조차 박멸하지 못하는데, 과연 전 자연계에 존재하는 모든 설치류를 없애는게 가능할까? 당연히 불가능한 이야기일 것이다. 그러나 흑사병을 예방하는 방법은 존재한다. 야생의 설치류나 그 배설물을 피하고, 야외 활동 후 어떤 신체적 증상이 나타나면 병원 치료를 받아야 한다. 페스트균처럼 무서운 질병을 발생시키는 원인 균이라 해도 박멸하는 것은 현실적으로 불가능하다. 감염 지역이나 질병의 발생을 최소화하고, 환자가 발생했을 때 최대한 적극적인 대처를 통해 광범위한 전염이 일어나지 않도록 조치하는 것이 최선이다. 충분한 휴식과 균형 잡힌 식생활을 통해 면역력을 높이고, 개인 위생에도 신경 써야 한다. 우리는 이런 전염성 질병에 대처하는 자세를 2020년 등장한 코로나19 바이러스를 통해서도 충분히 학습했다.

우리는 지속적으로 다양한 방법을 이용해 미생물과 싸워왔다. 그러나 싸움으로 인한 피해 역시 우리가 고스란히 겪고 있다. 미생물은 싸워야 하는 대상이 아니라 긍정적 관계 맺기를 해야 하는 공생의 존재다. 생태계에서 미생물이 사라지면 에너지와 물질의 순환이 불가능하다. 이는 생명체의 생존 활동이 불가능해진다는 의미다. 그 생명체의 범주에는 인간도 포함된다. 그러니 미생물과 어떻게 좋은 관계를 맺을지 고민하는 것이 더 현명하다. 더불어 미생물과의 관계를 악화시키는 것은 대부분 인간의 생활 방식에 있다는 사실을 잊지 말아야 한다. 결국 미생물이 충분히 도움을 주는 존재가 될지, 전쟁을 해야 하는 무서운 존재가 될지는 우리가 어떻게 하느냐에 달려 있다.

03 미생물을 회피하는 우리의 진화

동물들은 항생제를 만들지는 못하지만 다양한 방법으로 세균 감염을 피해왔다. 눈물에 함유되어 있는 라이소자임Lysozyme은 세균의 세포벽을 구성하는 펩티도글리칸을 분해하는 효소로, 세균을 사멸시키는 효능이 있다. 광범위하게 이용되는 다른 물질은 항균성 펩타이드다. 미생물의 세포막에 구멍을 낼 수 있어 살균 효과를 갖는 것으로 알려졌으며, 항균성 펩타이드의 일부는 세포 내에 침투해 미생물의 생리를 방해한다. 그렇다고 이런 물질이 빈번하고 넓은 범위에 사용되는 것은 아니다. 동물이 사용하고자 하는 국소 부위에만 쓰인다. 이는 내성 균주의 문제와 무차별적 미생물 살균이 결코 숙주에게도 도움이 되지 않는 것과 관계가 있다.

살균을 가능케 하는 물질을 이용하지 않고도 특수 물질을 활용해 미생물을 피하는 방법도 있다. 탄수화물 중에 특이한 당이 있다. 유당, 젖당이라고 불리는 락토스Lactose다. 일반적으로 유당은 포유동물의 젖에서 발견할 수 있는데, 갈락토스Galactose와 글루코스Glucose가 연결된 이당류다. 유당의 특이한 점은 포유류의 젖 외에는 자연계에서 거의 관찰되지 않는 희귀한 당이라는 것이다. 이에 대한 가설은 미생물과 관련이 있다.

포유류가 영양분을 공급할 때 새끼가 가장 이용하기 좋은 형태인 포도당으로 전달해야 하는데, 포도당은 미생물도 선호하는 탄수화물의 형태다. 포유류의 젖은 위생적 관리가 이뤄지지 않으면 많은 수의 미생물이 번식하기 좋은 환경이다. 그 때문에 수유 과정에서 새끼에게 질병을 유발시킬 위험이 있다. 이를 방지하기 위한 방법으로 자연계에 존재하지 않는 탄수화물을 만들어 새끼에게 전달하고, 새끼는 이당류인 유당을 한 개의 효소로 잘라 쉽게 영양분으로 이용할 수 있도록 진화한 것으로 추정된다. 물론 포유류가 유당을 생산한 지 꽤 오랜 시간이 흘렀기 때문에 우리의 장내 미생물을 포함해 포유류와 관련된 미생물들은 유당에 적응했다. 그러나 다른 자연계 미생물들은 여전히 유당을 이용하지 못한다.

피해를 최소화한 진화

우리가 미생물과 공존하며 살아가기 위해 진화한 것 중 또 다른 하나는 땀의 소금 성분이다. 사람을 포함해 일부 동물만이 피부에서 땀을 흘린다. 땀의 주요 기능은 체온을 낮춰주는 것이다. 소량의 수분 증발만으로도 체온을 쉽게 낮출 수 있어 항온동물에게 가장 효율적인 체온 유지 방법이다. 그런데 이런 효율적인 방법을 왜 많은 항온 동물이 사용하지 않는 것일까?

가장 큰 이유는 수분의 공급 문제다. 소량이라고는 하나 생명에 귀중한 자원인 물을 땀으로 분비하는 것은 목숨을 잃을 수도 있는 위험한 활동이다. 두 번째 이유는 피부 관리와 관련이 있다. 대부분의 동물은 피부가 털로 덮혀 있다. 이런 상태에서 땀이 분비되면 피부는 꽤 오래 습한 상태를 유지한다. 결과적으로 피부에 많은 미생물이 번식할 수 있는 환경을 제공하는 것이고, 피부병의 원인으로 작용한다. 그래서 털을 가진 동물은 대부분 땀을 분비하지 않으며, 분비하더라도 털이 없는 부위에 제한된다.

　　사람은 이와 조금 다르다. 털을 대부분 잃어버렸고, 땀을 이용해 체온 조절을 한다. 그럼에도 수분에 의한 미생물 생장을 억제하는 것은 어렵다. 이때 땀에 포함되어 있는 염분이 문제 해결사 역할을 한다. 땀과 함께 분비되는 염분이 미생물의 생장을 억제한다. 젓갈을 만드는 과정을 떠올리면 이해하기 쉽다. 새우나 조개 등을 소금에 절여 서늘한 곳에 오래 보관하면 부패하지 않고, 맛있는 음식이 만들어진다. 이는 소금이 부패균의 생장을 억제하고 발효균의 생장만을 허락하기 때문에 가능한 일이다. 우리 피부에서도 염분은 비슷한 효과를 보인다. 외부에서 오염되는 균은 소금에 의해 생장이 억제되는 반면 우리 피부에 상주하는 균은 이미 오랜 세월에 걸쳐 적응하도록 진화해왔다. 땀을 분비하는 피부가 상주균에게는 최적의 생장 조건을 제공하는 셈이다.

우리 몸은 다양한 방식으로 미생물을 제거하는 방법을 만들 수 있다. 그러나 피부의 모든 미생물을 제거하기보다 소금에 견디는 좋은 균을 확보하기 위해 땀을 이용한다. 사실 땀에 함유된 소금은 총괄성Colliga-tive property에 따라 수분의 증발 억제를 돕기 때문에 땀이 가진 원래의 기능인, 체온을 낮추는 데 방해가 된다. 그럼에도 땀과 함께 소금을 분비하도록 진화한 것은 건강한 피부를 유지하고, 피부 미생물과 공존할 수 있는 환경을 만들기 위해 진화한 방법인 것이다.

04 상호 작용이 필요하다

우리는 미생물에 의해 조정당한다. 물론 인간관계에서처럼 싸워서 승리하거나 명령에 의해서라기보다는 무의식적인 조정을 당하고 있다는 게 옳은 표현일 것이다. 페스트균이 살아가는 전략을 보면 미생물이 어떻게 동물을 조정하는지 이해할 수 있다. 페스트균은 설치류에서 생장하고 있다가 벼룩을 매개체로 사람에게 전파된다. 벼룩이 쥐의 피를 빨아 먹는 동안 페스트균에 감염되는 것이다. 이후 페스트균은 벼룩의 입에 미생물 균주와 세포 밖 다당류로 바이오 필름을 만들어 벼룩이 피를 흡입할 수 없게 한다. 배가 고픈 벼룩은 피를 찾아 쥐나 사람을 가리지 않고 생명체를 물게 되는데, 이 과정에서 급격하게 페스트균이 전파되는 것이다. 반대로 페스트균은 매개체인 벼룩에 머무는 시간을 단축하고 새로운 감염 숙주를 빠른 시간 안에 찾는다. 숙주에게는 해가 되지만, 페스트균한테는 유리하게 벼룩의 행동을 조정하는 것이라고 볼 수 있다.

일방적 조정보다 상호 작용

사람과 미생물의 관계 역시 이와 비슷할 것이다. 직접적이지는 않으나 미생물에 의한 조정이 존재한다. 다만 사람과 미생물의 관계는 일방적으로 한쪽이 조정하는 게 아니라 서로 잘살기 위한 상호 작용으로 이해하는 것이 더 알맞다.

미생물은 신호 전달 물질의 분비를 통해 사람의 식욕을 조절한다. 이 때문에 장내 미생물 균총에 따라 비만 여부가 결정된다고 알려져 있기도 하다. 앞서 장이나 피부에서 미생물이 어떤 역할을 하고 있으며, 미생물의 활동으로 인해 우리에게 이로운 점이 무엇인지 설명했다. 그럼에도 여전히 미생물에 대한 이해는 부족하다. 과학자들은 흔히 "미생물은 상상하는 그 모든 것이 가능한 생물"이라고 말한다. 그만큼 알려지지 않았을 뿐 무궁무진한 가능성을 가진 생명체라는 의미다. 태초에 생명의 출발점이었을 것이며, 가장 넓은 범위에서 생활하고 있는 생명체다. 일부에서는 지구 멸망의 마지막 순간까지 살아남을 생명체라고도 표현한다. 그만큼 미생물에 대한 연구가 더욱 활발하게 진행될수록 우리가 새롭게 알게 되는 내용도 많아질 것이라는 기대가 생긴다.

인간과의 관계 역시 마찬가지다. 너무 작아 눈에 보이지 않을 뿐 인간의 모든 환경에 미생물은 존재한다. 인간이 존재한 순간부터 공존하며 진화를 함께해온 생명체이기도 하다. 이쯤 되면 '내 안의 또 다른 나'라는 표현도 무리는 아니다. 그 과정에서 미생물이 원하는 바가 전혀 반영되지 않았다고 볼 수는 없다.

물론 우리 몸과 미생물의 소통에 대해서는 여전히 많은 과학적 연구가 필요하다. 최근에는 메타지노믹스Metagenomics(균유전체학), 즉 미생물의 전체 분포를 분석 및 연구하는 방법도 이용되고 있다. 과학기술

의 발달에 따라 점차 미생물의 균총 분포와 우리 건강의 연관 관계는 더욱 분명하게 밝혀질 것으로 기대된다. 그때 우리는 과연 미생물을 어떻게 대할 것인지, 우리 생활과 미생물의 연관성을 어떻게 긍정적으로 만들지 생각해볼 필요가 있다. 미생물과의 연결은 생명이 시작되어 끝나는 순간까지 이어질 것이기 때문이다.

미생물과 함께하는 Fun-Fun LIFE

주

1. Wang S, Payne GF, Bentley WE: **Quorum sensing communication: Molecularly connecting cells, their neighbors, and even devices.** *Annual Review of Chemical and Biomolecular Engineering* 2020, **11**(1):null.

2. Bianconi E, Piovesan A, Facchin F, Beraudi A, Casadei R, Frabetti F, Vitale L, Pelleri MC, Tassani S, Piva F et al: **An estimation of the number of cells in the human body.** *Annals of Human Biology* 2013, **40**(6):463-471.

3. Sender R, Fuchs S, Milo R: **Revised estimates for the number of human and bacteria cells in the body.** *PLOS Biology* 2016,

14(8):e1002533.

4.   Turner KJ, Vasu V, Griffin DK: **Telomere biology and human phenotype.** *Cells* 2019, **8**(1):73.

5.   Hayflick L: **The cell biology of aging.** *Clinics in geriatric medicine* 1985, **1**(1):15-27.

6.   Jain M, Koren S, Miga KH, Quick J, Rand AC, Sasani TA, Tyson JR, Beggs AD, Dilthey AT, Fiddes IT et al: **Nanopore sequencing and assembly of a human genome with ultra-long reads.** *Nature Biotechnology* 2018, **36**(4):338-345.

7.   Harms A, Maisonneuve E, Gerdes K: **Mechanisms of bacterial persistence during stress and antibiotic exposure.** *Science* 2016, **354**(6318):aaf4268.

8.   Kim TJ, Gaidenko TA, Price CW: **A multicomponent protein complex mediates environmental stress signaling in Bacillus subtilis.** *Journal of molecular biology* 2004, **341**(1):135-150.

9.   Kim TJ, Gaidenko TA, Price CW: **In vivo phosphorylation of partner switching regulators correlates with stress transmission in the environmental signaling pathway of Bacillus subtilis.** *Journal of bacteriology* 2004, **186**(18):6124-6132.

10. Penny D, Poole A: **The nature of the last universal common ancestor.** *Current opinion in genetics & development* 1999, **9**(6):672-677.

11. Betts HC, Puttick MN, Clark JW, Williams TA, Donoghue PCJ, Pisani D: **Integrated genomic and fossil evidence illuminates life's early evolution and eukaryote origin**. *Nature Ecology & Evolution* 2018, **2**(10):1556-1562.

12. Pugh TAM, Lindeskog M, Smith B, Poulter B, Arneth A, Haverd V, Calle L: **Role of forest regrowth in global carbon sink dynamics**. *Proceedings of the National Academy of Sciences* 2019, **116**(10):4382-4387.

13. Goldin BR: **Health benefits of probiotics**. *British Journal of Nutrition* 1998, **80**(4):S203-207.

14. Rijkers GT, de Vos WM, Brummer R-J, Morelli L, Corthier G, Marteau P: **Health benefits and health claims of probiotics: bridging science and marketing**. *British Journal of Nutrition* 2011, **106**(9):1291-1296.

15. Salminen S, van Loveren H: **Probiotics and prebiotics: health claim substantiation**. *Microbial ecology in health and disease* 2012, **23**.

16. Hvas CL, Bendix M, Dige A, Dahlerup JF, Agnholt J: **Current, experimental, and future treatments in inflammatory bowel disease: a clinical review**. *Immunopharmacology and immunotoxicology* 2018, **40**(6):446-460.

17. Cho M, Shin K, Kim Y-K, Kim Y-S, Kim T-J: **Phylogenetic analysis of Reticulitermes speratus using the mitochondrial cytochrome**

C oxidase subunit I gene. *Journal of the Korean Wood Science and Technology* 2010, **38**(2):135-139.

18. Lee D, Kim Y-S, Kim Y-K, Kim T-J: **Symbiotic bacterial flora changes in response to low temperature in Reticulitermes speratus KMT001.** *Journal of the Korean Wood Science and Technology* 2018, **46**(6):713-725.

19. Hutkins RW, Krumbeck JA, Bindels LB, Cani PD, Fahey G, Jr., Goh YJ, Hamaker B, Martens EC, Mills DA, Rastal RA et al: **Prebiotics: why definitions matter.** *Curr Opin Biotechnol* 2016, **37**:1-7.

20. Collins KH, Paul HA, Hart DA, Reimer RA, Smith IC, Rios JL, Seerattan RA, Herzog W: **A high-fat high-sucrose diet rapidly alters muscle integrity, inflammation and gut microbiota in male rats.** *Scientific reports* 2016, **6**:37278.

21. Mastrocola R, Ferrocino I, Liberto E, Chiazza F, Cento AS, Collotta D, Querio G, Nigro D, Bitonto V, Cutrin JC et al: **Fructose liquid and solid formulations differently affect gut integrity, microbiota composition and related liver toxicity: a comparative in vivo study.** *The Journal of Nutritional Biochemistry* 2018, **55**:185-199.

22. Butteiger DN, Hibberd AA, McGraw NJ, Napawan N, Hall-Porter JM, Krul ES: **Soy protein compared with milk protein in a Western diet increases gut microbial diversity and reduces serum lipids in golden syrian hamsters.** *The Journal of nutrition* 2016, **146**(4):697-

705.

23. Panasevich MR, Schuster CM, Phillips KE, Meers GM, Chintapalli SV, Wankhade UD, Shankar K, Butteiger DN, Krul ES, Thyfault JP et al: **Soy compared with milk protein in a Western diet changes fecal microbiota and decreases hepatic steatosis in obese OLETF rats**. *The Journal of nutritional biochemistry* 2017, **46**:125-136.

24. Costantini L, Molinari R, Farinon B, Merendino N: **Impact of omega-3 fatty acids on the gut microbiota**. *Int J Mol Sci* 2017, **18**(12):2645.

25. Hylander BL, Repasky EA: **Temperature as a modulator of the gut microbiome: what are the implications and opportunities for thermal medicine?** *International Journal of Hyperthermia* 2019, **36**(sup1):83-89.

26. Kim H-J, Kim JJ, Myeong NR, Kim T, Kim D, An S, Kim H, Park T, Jang SI, Yeon JH et al: **Segregation of age-related skin microbiome characteristics by functionality**. *Scientific reports* 2019, **9**(1):16748.

27. Chen YE, Tsao H: **The skin microbiome: Current perspectives and future challenges**. *Journal of the American Academy of Dermatology* 2013, **69**(1):143-155.e143.

28. Park YJ, Kim CW, Lee HK: **Interactions between host immunity and skin-colonizing staphylococci: No two siblings are alike**. *Int J Mol*

Sci 2019, **20**(3):718.

29. Schnell N, Entian K-D, Schneider U, Götz F, Zähner H, Kellner R, Jung G: **Prepeptide sequence of epidermin, a ribosomally synthesized antibiotic with four sulphide-rings.** *Nature* 1988, **333**(6170):276-278.

30. de Groot JH, Semin GR, Smeets MA: **On the communicative function of body odors.** *Perspectives on Psychological Science* 2017, **12**(2):306-324.

31. Natsch A: **What makes us smell: The biochemistry of body odour and the design of new deodorant ingredients.** *CHIMIA International Journal for Chemistry* 2015, **69**(7-8):414-420.

32. Lam TH, Verzotto D, Brahma P, Ng AHQ, Hu P, Schnell D, Tiesman J, Kong R, Ton TMU, Li J et al: **Understanding the microbial basis of body odor in pre-pubescent children and teenagers.** *Microbiome* 2018, **6**(1):213.

33. Park H-S, Ham Y, Shin K, Kim Y-S, Kim T-J: **Sanitizing effect of ethanol against biofilms formed by three Gram-negative pathogenic bacteria.** *Current microbiology* 2015, **71**(1):70-75.

34. Danforth M, Novak M, Petersen J, Mead P, Kingry L, Weinburke M, Buttke D, Hacker G, Tucker J, Niemela M et al: **Investigation of and response to 2 plague cases, Yosemite National Park, California, USA, 2015.** *Emerg Infect Dis* 2016, **22**(12):2045-2053.

대체로 무난하고
때때로 무해하고,
자주 유익한
미생물 이야기

ⓒ 김태종

초판 1쇄 인쇄일 2020년 9월 18일
초판 1쇄 발행일 2020년 9월 22일

지은이   김태종

펴낸이   배문성
기획편집   에이의 취향
일러스트   꽝찌
디자인   형태와내용사이
마케팅   김영란

펴낸곳   나무나무출판사
출판등록   제2012-000158호
주소   경기도 고양시 일산서구 송포로 447번길 79-8(가좌동)
전화   031-922-5049
팩스   031-922-5047
전자우편   likeastone@hanmail.net

ISBN 978-89-98529-24-6 03400